跟着电网企业劳模学系列培训教材

变电二次设备运检安全防范技术

国网浙江省电力有限公司　组编

中国电力出版社
CHINA ELECTRIC POWER PRESS

内 容 提 要

本书是“跟着电网企业劳模学系列培训教材”之《变电二次设备运检安全防范技术》，采用“项目—任务”结构进行编写，主要包括整定单安全防范技术、自动化系统安全防范技术、常规站继电保护安全防范技术、智能变电站保护设备安全防范技术、网安设备与监测装置安全防范技术等内容。

本书可供从事变电二次设备运检相关人员使用，也可作为电力行业新入职员工培训学习参考资料。

图书在版编目（CIP）数据

变电二次设备运检安全防范技术 / 国网浙江省电力有限公司组编 . —北京：中国电力出版社，2020.12

跟着电网企业劳模学系列培训教材

ISBN 978-7-5198-5128-6

Ⅰ . ①变… Ⅱ . ①国… Ⅲ . ①变电所－二次系统—检修—技术培训—教材 Ⅳ . ① TM63

中国版本图书馆 CIP 数据核字（2020）第 211777 号

出版发行：中国电力出版社
地　　址：北京市东城区北京站西街 19 号（邮政编码 100005）
网　　址：http://www.cepp.sgcc.com.cn
责任编辑：穆智勇（010-63412336）　柳　璐
责任校对：黄　蓓　常燕昆
装帧设计：张俊霞　赵姗姗
责任印制：石　雷

印　　刷：三河市万龙印装有限公司
版　　次：2020 年 12 月第一版
印　　次：2020 年 12 月北京第一次印刷
开　　本：710 毫米 ×1000 毫米　16 开本
印　　张：13
字　　数：184 千字
印　　数：0001—1500 册
定　　价：65.00 元

编 委 会

编 写 组

丛书序

国网浙江省电力有限公司在国家电网有限公司领导下，以努力超越、追求卓越的企业精神，在建设具有卓越竞争力的世界一流能源互联网企业的征途上砥砺前行。建设一支爱岗敬业、精益专注、创新奉献的员工队伍是实现企业发展目标、践行“人民电业为人民”企业宗旨的必然要求和有力支撑。

国网浙江省电力有限公司为充分发挥公司系统各级劳模在培训方面的示范引领作用，基于劳模工作室和劳模创新团队，设立劳模培训工作站，对全公司的优秀青年骨干进行培训。通过严格管理和不断创新发展，劳模培训取得了丰硕成果，成为国网浙江省电力有限公司培训的一块品牌。劳模工作室成为传播劳模文化、传承劳模精神，培养电力工匠的主阵地。

为了更好地发扬劳模精神，打造精益求精的工匠品质，国网浙江省电力有限公司将多年劳模培训积累的经验、成果和绝活，进行提炼总结，编制了“跟着电网企业劳模学系列培训教材”。该丛书的出版，将对劳模培训起到规范和促进作用，以期加强员工操作技能培训和提升供电服务水平，树立企业良好的社会形象。丛书主要体现了以下特点：

一是专业涵盖全，内容精尖。丛书定位为劳模培训教材，涵盖规划、调度、运检、营销等专业，面向具有一定专业基础的业务骨干人员，内容力求精练、前沿，通过本教材的学习可以迅速提升员工技能水平。

二是图文并茂，创新展现方式。丛书图文并茂，以图说为主，结合典型案例，将专业知识穿插在案例分析过程中，深入浅出，生动易学。除传统图文外，创新采用二维码链接相关操作视频或动画，激发读者的阅读兴趣，以达到实际、实用、实效的目的。

三是展示劳模绝活，传承劳模精神。“一名劳模就是一本教科书”，丛书对劳模事迹、绝活进行了介绍，使其成为劳模精神传承、工匠精神传播的载体和平台，鼓励广大员工向劳模学习，人人争做劳模。

丛书既可作为劳模培训教材，也可作为新员工强化培训教材或电网企业员工自学教材。由于编者水平所限，不足之处在所难免，欢迎广大读者批评指正！

最后向付出辛勤劳动的编写人员表示衷心的感谢！

丛书编委会

前　言

电网中的二次设备运检安全防护系统是一个庞大而又复杂的系统，它主要由继电保护设备、综合自动化设备和网络安全设备等二次设备组成。电力安全生产是保证社会生产和人们生活正常进行的关键所在。电力运维检修工作的实施又是保证电力生产安全的关键所在，也是改善电力设备安全运行的有效措施。在实施电力检修工作时，需要采用二次安防综合措施，提高电力检修工作效率及总体业务水平，从而促进电力企业的可持续发展以及业务范围的拓展。

但是在实际工作中，电力检修人员由于自身专业水平的限制，工作经验的缺乏，不能准确判断电力系统运行问题，也不能很好地应对某些较为复杂的情况。综合我国当前电力企业设备检修情况来看，变电设备二次安防综合措施的落实还不够深入，仍然存在诸多问题。并且电力企业中从事电力检修的大部分人员工作年限较短，没有较为丰富的工作经验，建立二次运检安防技术体系刻不容缓。

本书通过介绍二次安全防范技术所运用的专业知识，总结归纳相关典型案例和二次运检工作中的相关工作流程与工作经验，向二次运检人员提供全方位的指导，进而能够及时发现电力系统管理工作与检修工作中的一些隐蔽问题，明确二次运检工作中的危险点供现场检修人员参考，在提高检修效率的同时，也能够减少电力生产安全事故的发生，从而有效保证电力系统运行的稳定性。

限于编写时间和编者水平，书中难免有不妥或疏漏之处，敬请专家和读者批评指正。

编者

2020 年 10 月

目　录

郑晓东劳模创新工作室

郑晓东劳模创新工作室是浙江省劳动模范、全国电力行业优秀技能选手郑晓东引领的创新型团队，工作室涉及变电检修、高压试验、继电保护、电测仪表、油务试验等5个专业，拥有高级工程师11人，高级技师16人，本科及以上学历23人。工作室结合“党旗引领”“县市联动”“劳模讲堂”“智能运检”“四轮驱动”“科技攻关”等特色新载体活动，开展针对性实操培训，有效解决生产工作中遇到的重点和难点问题。

在专业比武竞赛方面，工作室成员取得团队荣誉9项，个人荣誉21项，20余个专业标准上升为国网浙江省电力有限公司作业标准，30余篇论文在全国性刊物或重要学术交流上发表。

在创新成果方面，工作室先后创造科研成果40余项，群众性科技成果18项，QC成果10余项，合理化建议100余项，获国家实用新型专利30项，国家发明专利10项。其中，“西门子断路器液压操作机构自动排气装置研制”获2011年全国优秀QC成果奖，“缩短VD4型断路器试验用时”获2016年浙江省质协杯一等奖，“GIS氧化锌避雷器带电测试仪”获2017年国网浙江省电力有限公司群众性科技创新项目一等奖，“缩短智能变电站主变同步性试验时间”获2018年国网浙江省电力有限公司优秀QC小组成果三等奖。

在教育成果方面，《变电站运行与检修技术》丛书获国网浙江省电力公司2015年教育培训开发项目一等奖。工作室先后编写并出版发行的书籍有《变电站运行与检修技术（丛书）》《变电设备精益化检修技术》《电网企业劳模培训系列教材　变压器》等。

在培训成果方面，工作室充分发挥“七位一体”综合教育培训体系作用，分类别、分层次实施培训，不断提升员工队伍业务能力和作风素养，组织内部培训20次，组织及参加劳模跨地区培训15次，为500kV变电站运维人员培训3次。

项目一

整定单安全防范技术

》【项目描述】 本项目介绍继电保护整定单全过程管理概况，通过本项目的学习，使读者熟悉整定单从整定到执行的基本流程，能够分析整定单整定存在的问题及“误整定”的原因，并结合相关典型案例，掌握防止“误整定”的安全防范措施。

任务一 整定单全过程管理概况

》【任务描述】 本任务主要讲解继电保护装置定值的全过程管理，介绍各单位、各部门在定值管理流转过程中的职责，使读者了解整定单从计算到执行再到核对的全过程。

》【知识要点】

继电保护装置是保证电网安全稳定运行的关键因素，是快速切除故障、稳定电力系统的二次设备。继电保护装置一旦发生误动或拒动，将会危及电网和设备的安全，扩大电力事故，造成大面积、长时间的停电。继电保护装置的四个核心特性为灵敏性、速动性、选择性和可靠性，简称“继保四性”。保证继电保护装置正确动作的前提条件之一就是正确地计算、执行和核对整定单。继电保护定值是继电保护装置内用于设定装置参数、判断设备异常运行或发生故障的数值依据。误整定继电保护定值将直接影响保护装置的速动性、选择性。因此整定定值亦被视为继电保护岗位上最重要的工作之一，它是一个系统的工作，非一方能独立完成的，需要多个部门之间协调配合。继电保护定值的错误比较隐蔽，在设备正常运行时不容易被察觉，难以发现，只有当电网发生故障或设备出现异常时才能够显现出来，因此必须对继电保护装置整定的全过程采取预控防范措施，理顺各部门合作关系，通过各部门职责分工合作，消除定值整定过程中的危险点，确保整定计算正确进行，保证定值单执行的及时性与准确性，以实现电网安全稳定运行。

【技能要领】

整定单的全过程管理包括数据收集上报、计算、校验、整定及反馈 5 个流程。其主要包括以下内容：

（1）基本参数的收集上报。正确整定计算的前提，是需要收集完整的电力一次设备元件参数，包括正序阻抗、负序阻抗、零序阻抗、线路长度、变压器基本参数等。电力参数收集完毕后由定值生成程序完成计算。电力一次设备元件参数由基层班组上报，若上报的元件参数有遗漏、错误，则会导致定值计算出错。参数上报工作由基层班组成员完成。

（2）定值整定计算。定值计算由专用的定值整定程序完成，输入正确的基本元件参数，通过程序内部逻辑，生成相应保护装置的定值。由调度部门的继保专责负责计算整定值的校对、复核及审核。

（3）下发定值执行。定值由变电部门的继保人员整定，整定完毕后由人工复核校对，通常为一人复述，一人核对。不同类型的继电保护装置定值含有 40～120 项不等，而继保人员一天内常执行多单定值，这意味着要执行数百项定值。整定及复核工作均由人工完成，如果定值单与现场装置定值项不对应，那么执行人员的疏忽将存在漏整定或误整定的风险。特殊运行方式下的临时定值的执行，少数情况下没有临时定值单，如送电启动方案中需要修改保护装置的临时定值进行配合。因此，临时定值的执行和校对工作没有固定的定值管理流程，人为造成误整定的风险较高，需要现场人员集中精力工作。

整定单全过程管理是定值工作顺利进行的根本保障。规范定值流程管理，首先需要规范流程层级管理，其次是时间管理。在定值管理中，首先需要确定定值流程中涉及的各部门，再对其分工进行程序上的安排，使定值工作流程透明化、定值流程状态实时更新。

各部门和单位的职责见表 1-1。

表 1-1　　整定单全过程管理部门和人员、职责

整定流程	对口部门	对口人员	职责
提供计算资料	基建部	变电专职	提供二次设备参数、二次图纸及保护装置技术说明书（新建工程）
	运维检修部	设备专职	提供二次设备参数、接带负荷资料（已建工程）
定值计算	电力调控中心	继保专职	根据提供资料，布置软件中电网参数及进行整定计算
定值复核	电力调控中心	继保专职	对已计算的定值单进行复核
定值审核	电力调控中心	分管领导	对已复核的定值单进行审核
定值下发	电力调控中心	继保专职	定值单完成三级流转后，下发给运维检修部综自班
许可定值执行	电力调控中心	调度班	许可定值执行的工作任务
定值执行	运维检修部		将最新定值单的定值输入继电保护装置
定值回执	运维检修部		完成 OMS 定值单回执填写，按周期把纸质版回执反馈给电力调控中心继保专职，已执行定值单移交给运维站人员

任务二　整定单“误整定”原因分析

【任务描述】 本任务主要讲解定值在整定计算与执行过程中发生“误整定”的原因，结合变电生产实际工作，为制定安全措施提供技术参考。

【知识要点】

随着电力系统继电保护技术的迅速发展，数字式继电保护设备得到广泛应用，并且各生产厂家的继电保护装置保护定值设置格式不同，现场技术人员在执行定值时往往因为设备及人为等多种因素而导致误整定情况。下面结合某供电局近年来的误整定情况，对继电保护现场误整定的原因进行总结和分析，从整定计算、现场执行、定值核对、人员培训、定期校验等方面提出了具体的防范措施。

【技能要领】

一、定值整定计算过程中“误整定”原因分析

定值在整定计算过程中发生“误整定”的主要原因有：

（1）资料报送不正确。项目管理单位对参数报送工作重视不够，图省事，照抄设计图纸参数，不对设备铭牌和试验报告进行核对，导致一次设备参数报送错误。图纸或资料与现场实际不符，设备状况发生变化后，没有及时修改图纸，报送与实际不相符的图纸。现场收集的资料包括工程的相关图纸、设备参数（应实测有关参数并提供实测报告）。对核对保护装置定值清单工作不理解或不重视，加之部分保护装置没有配置打印机，需要手抄，现场图省事直接复印说明书定值清单应付差事，没有核对定值清单，导致实际定值和报送定值清单不相符。

（2）资料报送不齐全不及时。整定计算所需资料必须齐全，否则整定计算结果可能不正确。了解并掌握调度部门所需参数的作用，才能提供齐全的资料，如电流互感器饱和倍数一般用来校核速断保护电流值是否超过TA饱和值，如果不提供，速断保护定值大于TA饱和值，实际动作值将小于定值，造成保护误动作。配电网单线图没有及时更新，导线型号和长度标注不清，没有标注大容量配电变压器参数等，都会导致整定计算时考虑欠周，导致定值出错。调度部门对各类工程资料报送都有相应的时间要求，但由于工程节点计划安排紧凑，给保护整定计算人员的工作时间不足，忙中出错，容易导致定值计算结果错误或考虑不周的情况。

（3）整定计算前运行方式选择失误。当前期的整定准备工作结束之后，需要进入具体的系统运行阶段，在这一阶段中，由于整定计算前运行方式选择失误而出现一系列问题，这在继电保护过程中是一个普遍现象。继电保护整定计算一般只考虑正常运行方式，一些特殊运行方式下保护定值必须做出相应的调整，需要运行方式合理安排，一般不单独下发定值。如110kV线路新投运，一旦电流互感器极性接反而又发生区内故障时，距离

保护和零序过电流保护都因有方向元件而拒动。这种情况下就需要在线路供电前退出零序保护方向元件，互感器极性测试正确后再投入零序保护方向元件。对这种保护定值的临时修改，必须在运行方式或启动方案中予以明确。如果没考虑到特殊运行方式，往往会造成整定上的漏洞，形成误整定，进而导致设备频繁跳闸甚至烧损事故的发生。

（4）对保护装置原理和相关技术规程没有熟练掌握。常规电磁式继电保护装置功能简单，而微机保护功能丰富，在同一硬件平台上，可实现多种保护功能。由于微机保护厂家众多，同一保护名称各异，定义不同，同一厂家不同软件版本的装置定值项、整定范围可能不同，存在诸多差异。厂家技术说明书的更新跟不上产品的升级换代，存在实际到货装置和说明书不对应的情况。整定计算人员在计算完定值后，不得不花费大量时间和精力，学习装置说明书，研究控制字、参数设置等内容，而且由于说明书和现场装置不对应，整定计算人员依据装置说明书整定而导致定值出错。例如，部分整定计算人员对主变压器差动保护装置的各侧电流变换原理不清楚，对线路距离保护的不对称故障相继速动等功能理解不深，结果导致定值计算结果不合理或保护效果不佳。

（5）整定单不能及时送达定值下发单位。特别是出现个别项目有调整，或者超出整定范围，或者软件版本不对应，或者线路电压抽取相别不一致等情况时，定值执行人若没有及时与整定计算人员沟通，就会留下安全隐患。

二、整定单执行过程中“误整定”原因分析

定值在整定执行过程中发生“误整定”的主要原因有：

（1）准备工作不充分和凭经验盲目执行。定值单在实际执行中由于一系列主观、客观原因，在调试时会发现一些问题，不可避免存在定值单修改的情况，一般由定值计算部门通知相关部门修改，之后补发修改后的定值，有时新下发的定值不能及时送达变电站，使保存的定值单与现场定值出现偏差。运行人员现场执行整定单时，单凭工作经验盲目整定，引发不必要的一次设备停电或保护退出，就会直接造成保护误整定。

（2）现场工作监护不到位导致违章作业。现场工作人员根据下发的整定单调整定值前没有先和调度员核对定值，或者在执行人员调整定值的同时没有监护人对其进行监护，将极易造成定值的误整或漏整。有些保护试验工作中，试验设备不满足大启动电流电器的启动电流时需将定值调小，试验结束后仍需把定值调回相应的大小。如果工作人员忘记恢复和核对运行定值，就会造成现场误整定。

（3）工作人员责任心差。现场保护定值整定人员责任心不强，例如不认真核对电流互感器变比及保护定值数值；对不用的定值随意执行或者不予理睬；不认真核对软压板；定值执行完毕不进行传动试验；需现场打印定值核对的却不打印，只检查面板显示的定值；核对定值单时，只核对定值项目而不核对保护软压板的投退情况等。所以即使在装置上把定值调整好，但没投在软压板上就等于定值没起作用，也是造成现场误整定的直接原因。

（4）保护定值整定管理不到位。从保护定值整定计算到现场执行然后再到反馈，每个环节都不可缺少，哪个环节出问题都会造成误整定事故。由于保护软件版本升级很快，110kV 及以下保护存在多个软件版本共存的现象，且由于装置数量庞大，停电时间安排困难，在软件本身没有缺陷的情况下一般不会安排软件升级工作。而保护插件备品备件一般按购置时的最新版本配置，一旦保护装置出现异常需要更换插件，就会牵扯到软件版本升级的问题，定值可能也需要做相应的调整。

任务三　防止“误整定”的安全措施

【任务描述】 本任务主要介绍防止定值“误整定”的安全措施，通过相关案例分析，了解安全措施的实际内涵，掌握安全措施的实施方法。

【知识要点】

继电保护定值单的执行牵扯到整定计算、检修、运行、调度等多个专业和部门，应建立闭环管理措施，参与定值单执行的各部门人员应严肃定值单执行工作，将责任落实到人，使每个环节都能追溯，做到可控、能控和在控。因此，在制定整定单“误整定”安全措施时，应详细周密地考虑整定过程的每个环节。针对各个环节可能产生的纰漏，提出直接有效的防止“误整定”发生的控制措施。

【技能要领】

结合工作实际与相关典型案例，从定值计算、定值执行，提出如下防止整定单“误整定”的安全措施。

（1）制定整定计算及定值管理制度并严格执行。整定单的编制应严格执行审批流程，整定单的分发、执行、返回必须实行闭环管理。

（2）各相关部门、相关专业应加强沟通联系。设计部门或现场相关专业应及时、准确地向整定计算人员提供有关计算参数、图纸，以确保定值的整定与实际运行方式及设备参数相符。现场人员应对保护原理和定值单的内容有一定了解，包括定值修改原因、修改内容等，变被动为主动。执行过程中发现的问题应及时书面反馈至整定专责。

（3）正确收集整定计算资料。整定计算用的设备参数不能以图样的设计参数为依据，应以现场的实际参数作为计算数据。加强线路实测参数的管理和监督工作，变压器和110kV及以上线路必须有实测参数。整定计算前，应对电网参数建模台账的正确性进行核对校验，由专人对报送的原始参数进行分析核查，必要时与设计图样进行对比核对，对有疑问的地方必须要求工程单位重新进行核对，以确保整定原始参数的正确性。设备维护单位在验收时应做升流变比试验，再次核对整定用TA变比的正确性。

（4）及时上报基础数据。督促工程管理部门严格按照相关管理规定，按时报送设备参数，确保整定人员有足够的时间来整定计算。

（5）确保整定计算使用的说明书与现场相符。进行保护定值整定计算时应结合现场实际情况，避免出现“现场给定”“不用”“退出”等字样，软压板、跳闸矩阵、控制字等定值应和现场调试人员核实后一并下发。出厂设置部分应由调试人员在调试阶段与保护装置生产厂家技术人员共同整定，在投运后若更改，应取得厂家技术人员的同意并进行相关传动试验。

（6）整定计算时需考虑配合系数。应认真学习理解整定规程，并按照整定规程要求，结合单位实际，制定合理的整定原则，整定原则应满足灵敏度和选择性的基本要求。出现长时间的临时检修方式时，应重新校验该方式下的保护定值，保证检修方式下仍能满足一定的灵敏度要求。对有外汲支路或助增电源的网络应考虑选取适当的分支系数和助增系数来进行整定。合理安排变压器中性点运行方式，尽量保持系统的零序阻抗基本不变。

（7）定值执行需要遵守作业标准，按规定执行。执行定值前，首先需核对定值单上的设备参数是否与现场一次设备一致，如电流互感器的变比等。其次，执行过程中发现装置与定值单的定值项不对应，或定值数值整定结果不符合电力设备保护逻辑时，必须暂止执行，并将情况反馈至直接上级，直接上级再反馈至整定计算部门，由整定计算部门决定是否能够继续执行。定值执行完毕，必须在现场进行人工校验。最后打印定值回执留作保存。

（8）设备在调试阶段或者停电状态时，定值执行完毕后应进行整组传动试验，跳闸逻辑应和定值单要求一致。对于非电量保护动作值、温度表的触点动作值、故障录波装置的开关量应在调试阶段整定。对于新增间隔的项目，在母差保护定值不变的情况下，要对其电流互感器变比、间隔名称等进行设置，防止遗漏。

（9）执行完整定单后要核对，及时处理问题。保护定值执行完毕后应打印清单并核对当前定值区、定值内容是否与整定单一致，根据定值内容、定值整定说明确定软压板、硬压板、切换把手的投退和位置。打印的定值清单和正式整定单应签字留存。定值整定完毕后，对于装置运行灯不亮、装置告警等情况要查找原因，排除故障后再进行核对。

（10）针对特殊装置制定相关的隐患档案，并对继电保护人员进行培训。对不满足安全要求的继电保护及安全自动装置进行改造升级，从技术方面杜绝发生误整定的可能。应掌握整定设备的保护原理，切忌整定时对原理不求甚解，必要时（如新型号的保护）应参加继电保护调试，弄清每项功能时再整定。某些保护说明书对某些定值项目叙述不详，对于含糊不清的项目应向厂家确认清楚并索取确认函，并进行现场试验验证。

（11）加强整定单管理。定期下发整定值有效清单，并根据清单定期进行现场定值单的全面核对，此工作一般在迎峰度夏前进行。若年内定值变更频繁，则可在秋季安全大检查前增加一次核对。核对内容包括整定单的有效性、实际定值区设置的正确性。作废整定单应做好标识，并另行存放，不遗留在现场。做好整定台账管理，及时记录定值变更、核对情况及定值区设置信息等。

（12）定期对继电保护及安全自动装置进行巡视，按时开展保护定期检验是及时纠正误整定，防止保护误动、拒动的有效手段。

（13）提高设备智能化程度。新型智能化继电保护设备已具备远方修改定值的条件，调度部门的通信主站、变电站内的后台主机已能够调取部分变电站的定值。远方修改定值可在流程上减少现场人工执行定值一环，从而降低了人为输入失误的可能。具备远方修改定值条件的继电保护装置，在智能化普及的未来，能够将整定计算程序与远方修改定值程序对接，在整定计算完成后定值直接下装至保护装置，完全不需要人为执行，这将大大减少误整定带来的电网风险。

【典型案例】

一、案例一：整定值未进行一、二次折算，导致保护装置误动作

1. 案例描述

某地区画山变电站1968线路因天气阴雨，空气湿度过大，引起瓷绝缘子发生雾闪，线路两侧1968断路器A相均跳闸，重合成功。同时，引发白云变电站1978线路保护误动，3035断路器单跳重合成功，2036断路器跳闸。变电站的一次主接线图如1-1所示。

2. 原因分析

事故发生后，通过对白云变电站1978线路RCS-902A微机高频闭锁保护、微机光纤纵差保护动作报告及2035、2036断路器保护面板显示信息分析，发现高频闭锁保护、微机光纤纵差保护均起动但未动作出口，导致1978线路跳闸的唯一保护为工频变化量阻抗保护。核对定值单，工频变化量阻抗保护一次整定值为3Ω，TV变比2200，TA变比240，折算到二次值应为0.33Ω；现场检查发现RCS-902A装置内工频变化量阻抗保护定值仍为3Ω，即未进行一、二次折算。导致当发生区外正方向故障时，保护误动跳开白云变电站2868线路2035、2036断路器。

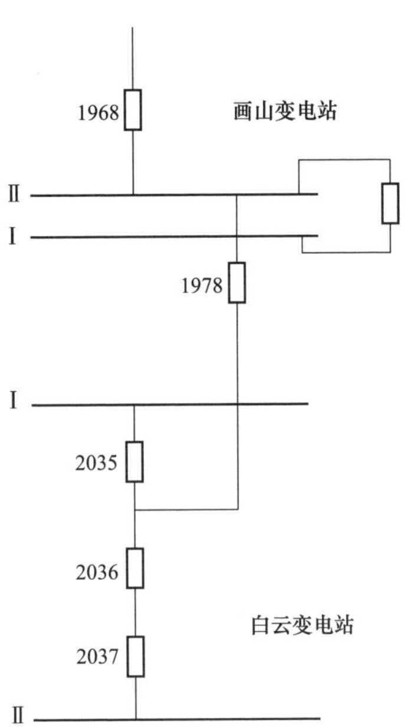

图1-1　变电站的一次主接线图

二、案例二：设备参数上报有误，导致保护误动作

1. 案例描述

某日某220kV变电站的1、2号站用变压器于13时45分低压侧零序Ⅱ段动作跳闸，主变压器冷却器全停，14时46分、48分2、3号主变压器三侧开关分别跳闸，造成该站两台主变压器和四个110kV站失压。

2. 原因分析

事故原因分析为该站施工单位在临时生活用电时造成220V线路短路，就地保护开关失去保护作用无法跳开，短路电流超过站用变压器低压侧零序Ⅱ段动作值（120A），导致两台站用变压器跳闸，继而造成两台强油循环主变压器因冷却器全停而跳闸。该站在一期投产时，由于安装调试单位未按图样核对站用变压器低压零序TA实际变比（300/1），错误提供变比为800/1，导致整定人员整定二次值为0.4A，相当于一次动作值320A，实际动作值为120A，使动作电流降低，留下站用变压器保护误动隐患。

项目二

自动化系统安全防范技术

》【项目描述】 本项目介绍变电站自动化系统的功能、组成结构及主要设备的工作原理。通过对变电站自动化系统全面性原理分析，使检修人员能够了解变电站自动化系统组成结构，熟悉变电站自动化系统的功能及工作原理，掌握变电站自动化系统中主要组成设备的安全防范技术措施。

任务一　变电站自动化系统功能和结构解析

》【任务描述】 本任务主要讲解变电站自动化系统的应用功能、组成结构。通过功能介绍和结构分析，了解变电站自动化系统结构分类，熟悉不同模式下的变电站自动化系统结构的优缺点，掌握变电站自动化系统的应用功能和不同模式的结构组成。

》【知识要点】

一、变电站自动化系统的功能

变电站自动化系统是利用现有的先进计算机技术、现代电子技术、通信技术及信息处理技术等来实现变电站二次设备，包括继电保护、控制、测量、信号、故障录波、自动装置、远动装置等设备的功能重新组合及优化设计，并对变电站内全部运行设备的运行情况完成数据监视、测量、控制和协调的综合性系统。

变电站自动化系统的主要应用功能采用微机保护及远动技术，分别采集变电站运行设备的模拟量数据、开关状态量、脉冲量及其他相关信号，经过功能的重新组合，按照预定设置的程序和要求实现变电站监视、测量、协调和控制自动化的集合体和全过程，从而实现数据共享和资源共享，提高变电站自动化整体运行效率。

二、变电站自动化系统的结构

变电站自动化系统主要采用计算机网络和远程控制等关键技术，对变电站的自动化监控系统进行建设，并完成所有功能的构建。目前国内外普遍运用的变电站自动化系统结构大致分为集中式、分布式和分层式三类。

【技能要领】

一、集中式变电站自动化系统结构

集中式变电站自动化系统采用不同档次的计算机，扩展其外围接口电路，集中采集变电站的模拟量、开关量及数字量等信息，集中进行计算与处理，分别完成监控、保护和自动控制等功能。集中式结构也并非指由一台计算机完成保护、监控等全部功能，多数集中式结构的保护、监控和与调度主站等通信功能是由不同的计算机完成的，只是每台计算机承担的任务多些。例如监控机要负担数据采集、数据处理、开关操作、人机联系等多项任务，而担负保护的计算机，可能一台微机要负责几回低压线路的保护等。

典型的集中式变电站自动化系统结构如图 2-1 所示。

集中式变电站自动化系统有以下优点：

（1）可以实现变电站的设备或线路等保护功能；

（2）集中式结构紧凑、体积小，可大大减少占地面积；

（3）能实时采集变电站中各种模拟量、开关量，完成对变电站的数据采集和实时监控、制表、打印、事件顺序记录等功能。

同时，该系统也有以下缺点：

（1）组态不灵活，对不同主接线或不同规模的变电站，软硬件都必须另行设计，工作量大，因此影响了批量生产，不利于推广；

（2）每台计算机的功能较集中，如果一台计算机出故障影响面较大，因此必须采用双机并联运行的结构才能提高可靠性；

（3）集中式结构，软件复杂，修改工作量大，系统调试麻烦；

（4）与常规保护相比较，不具备很强的主观性，并且维护成本很高。

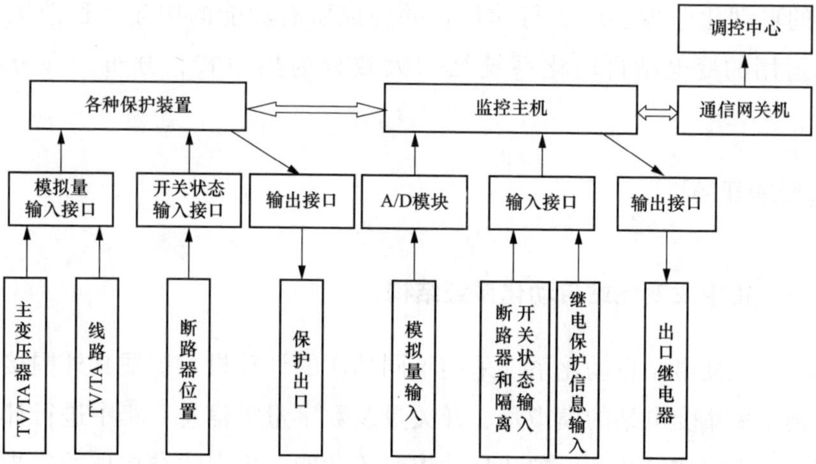

图 2-1　集中式变电站自动化系统典型框图

二、分布式变电站自动化系统结构

分布式变电站自动化系统是将变电站按照被监控对象或系统功能分布的多台计算机单功能设备它们连接至能共享资源的网络上实现分布式处理的结构方式。分布式系统结构的最大特点是将变电站自动化系统的功能分散给多台计算机来完成。分布式结构一般按功能设计，采用主从 CPU 系统工作方式，多 CPU 系统提高了处理并行多发事件的能力，解决了 CPU 运算处理的瓶颈问题。各功能模块之间采用网络技术或者串行方式实现数据通信，选用具有优先级的网络系统，较好地解决了数据传输的瓶颈问题，提高了数据的实时性。分布式结构方便系统扩展和维护，局部故障不影响其他模块正常运行。分布式结构在安装上可以形成集中组屏或分层组屏两种系统组态结构，较多使用于中、低压变电站。但是，分布式变电站自动化系统目前还存在抗电磁干扰、信息传输途径及可靠性保证上的问题等。

三、分层式变电站自动化系统结构

分层分布式结构系统从逻辑上将变电站自动化系统划分为变电站层（站控层）和间隔层两层；也可分为变电站层（站控层）、网络层和间隔层三层。

分层分布式结构中的“分布式”主要体现在功能的分布化上，也就是对智能电子设备的设计理念上由集中式自动化系统中的面向厂、站转变为面向对象（一次设备的一个间隔）。分布式结构方便系统扩展和维护，局部故障不影响其他模块正常运行。

现代变电站自动化技术发展的趋势就是分层分布式系统。主要原因是它在减少了系统中连接电缆数量的同时，也减少电磁干扰，从而降低了电缆传输信号的干扰，通过这种方式提高了系统的可靠性，不会出现局部设备发生故障而影响整个系统的情况。具体的分层分布式变电站自动化系统结构如图 2-2 所示。

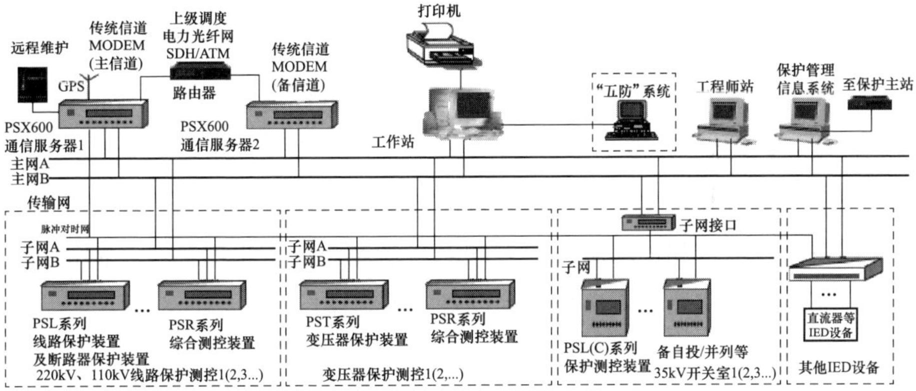

图 2-2　分层分布式变电站自动化系统结构图

1. 变电站层（站控层）

变电站层主要用于完成变电站内的间隔层的各种测控单元或测控保护单元以及各种职能电子装置与站控层的后台系统之间的信息交换，起着通信控制的作用。变电站层主要由监控后台、操作员站、工程师站、远动装置等设备组成。

监控后台包括操作系统、数据库系统和应用软件，是数据收集、处理、存储及控制的中心，可兼作操作员站，同时提供友好的人机对话界面。

操作员工作站包括操作系统和应用软件，从主机数据库调用数据。可提供友好的人机对话界面，以实现变电站的运行监视和控制。

工程师工作站主要为监控系统维护人员使用，具备对站内设备进行状态检查、参数整定、调试检验及数据库的修改等功能。

远动装置直接从网络层采集间隔层和通信规约转换接口的数据，处理后，按照调度端的远动通信规约实现与调度自动化的数据交换。

同步时钟对时装置接收全球卫星定位系统同步时钟的标准授时信号，对站内计算机监控系统和继电保护等有关设备的时钟进行校正，保证全站时钟的一致性。

2. 间隔层

间隔层的作用是负责变电站的基础测量及保护工作，同时还可以搜集某些信息，并且完成这些信息的处理。间隔层主要包括继电保护及自动装置、测控装置及其他智能设备（站内交直流电源管理设备、电能表等）。

传统上，110kV及以上电压等级的设备按电气设备间隔配置保护装置及测控单元，35kV及以下设备采用保护、测控一体化装置。

间隔层采集和处理一、二次设备的测量和状态信息，通过网络传给站控层设备监控主机和远动服务器，同时接受站控层发出的命令。间隔层也可独立完成对断路器和隔离开关等设备的控制操作。

3. 网络层

网络层通常包括站控层网络设备和间隔层网络设备。通常由网络交换机、光电转换器、接口设备和网络传输介质组成。

站控层与间隔层间传送或交换的基本信息包括测量及状态信息、操作信息、参数信息。

网络的连接方式就是网络的拓扑结构。目前，变电站监控系统主要采用串行数据总线、现场总线和工业以太网等。

4. 优点分析

分层分布式自动化系统优点如下：

(1) 信号报警装置被软件逻辑设计取代，提高了系统的扩展性和开放性，便于现场工程设计及应用。

（2）包含间隔级功能的单元直接固定在变电站的间隔上。

（3）系统的可靠性很高，在遵循共享相关数据信息、减少硬件重复配置的原则下，实现了相对独立的继电保护和一定程度的冗余。当任一部分设备发生故障时，只有局部受到影响；当站级系统或网络的发生故障时，只影响监控部分，而保护、控制功能则能在间隔层继续运行；间隔层任何一智能单元出现故障时，全站的通信不会因此中断。

（4）投资成本降低，系统调试维护工作量变小，变电站自动化系统的配置相对简单，减小了控制室的面积。

（5）自动化、标准化的间隔级控制单元使整个变电站系统的使用率更高。

（6）二次设备之间的连接线较少，连接电缆的数量相应减少，电磁干扰相应减少。

任务二　测控装置功能及其安全防范措施解析

【任务描述】 本任务主要讲解测控装置功能及其安全防范措施。通过功能介绍、安全防范措施讲解和具体案例分析，了解测控装置主要功能，熟悉测控装置涉及的相关的安全防范策略，掌握测控装置检修维护及故障处理时所采取的安全防范措施内容。

【知识要点】

一、测控装置功能

测控装置主要将变电站内一次、二次设备的“四遥”（遥信、遥测、遥控、遥调）通过网络层交换机传输至变电站层监控系统服务器及远动装置。测控装置主要集成了测量、监视、控制、通信、事件记录、故障录波、操作防误等多种功能。

在具体功能方面，测控装置承担着变电站中设备的数据采集、处理，对站内的断路器、隔离开关进行控制及防误闭锁等重要任务，变电站监控系统或调度主站通过测控装置获取现场实时运行数据信息，完成各种分析。同时变电站可通过测控装置对断路器、隔离开关等设备进行分、合闸遥控操作，对有载调压变压器调压、调挡等遥调操作，对电容器、电抗器自动投切和断路器同期合闸数据运算和判别并实现其控制。

二、测控装置的安全防范措施

测控装置的安全防范措施包括测控装置“四遥”安全措施、测控装置软硬件故障及检修维护时采取的安全防范措施。

【技能要领】

一、测控装置“四遥”安全措施

1. 遥测

测控装置遥测主要用于实现变电站内主变压器、线路、母线等设备的电压、电流、有功、无功，及设备温度、压力、频率和其他相关模拟量数据的采集工作。测控装置采集的数据通过网络层传输至监控后台及调度主站，满足设备运行数据监视及潮流计算分析等功能要求。

（1）一次设备停电或测控装置本身故障时，测控装置遥测试验时都需做好测量回路的安全防范措施，做到不将电流、电压倒送至一次设备及其余运行设备。试验前，需可靠断开相应电压、电流连片，保证试验仪所加电压、电流不会通至外侧，且不会引起其他运行的保护设备误动作。严格按照二次设备及回路工作安全技术措施单做好二次回路的安全措施，严禁TA二次回路开路和TV二次回路短路或接地。

（2）近年来，遥测数据“跳变”已成为电网安全稳定运行的重要危险源之一。若出现遥测数据“跳变”后不及时处理，会严重影响电网的安全稳定。因此，在测控装置遥测数据检验前，应根据现场实际情况，做好数据封锁准备工作，防止变电站遥测数据跳变。监控调度根据现场工作遥测数据检验的范围，对检验范围内的间隔进行数据封锁，使其不影响运行间隔及整站数据的计算。

(3) 对于集中组屏的装置要明确试验端子排，绝不允许触碰运行设备。在确定电压、电流互感器的准确度满足要求的同时，确保测量二次回路实际负荷应为互感器额定负载的25%～100%。为避免接线错误，采用的试验接线应分黄绿红相色以便区分，设备投运前测试极性，杜绝极性反接，所用二次回路导线的截面积应满足规程要求（一般电压线为2.5mm^2，电流线为4mm^2）；条件满足情况下，所用的测量回路应为独立的二次回路，避免与其他测控等测量装置公用二次回路。

2. 遥信

测控装置的遥信即状态量，是完成变电站内断路器、隔离开关、中央信号等信号的采集，并完成数据的上送。随着变电站无人值班工作的推广，遥信对于调度人员正确判断系统的运行情况至关重要。遥信信息主要包括断路器、隔离开关的位置状态，继电保护装置、自动装置的动作状态，以及电力系统、电力设备的运行状态，如厂站端事故总信号、一次设备告警信号、保护跳闸信号、预告信号等。

遥信通常由一次设备的辅助触点提供。辅助触点属于强电系统，直接进入装置将干扰甚至损坏设备，因此必须加入信号隔离措施。通常利用光耦作为遥信回路的隔离元件实现光电隔离。如图2-3所示，遥信触点串联接入遥信回路，R_1、R_2与C组成的RC网络将高频干扰滤除，构成低通滤波器。由于光耦允许通过的电流较小，利用电阻限制通过光耦的电流在毫

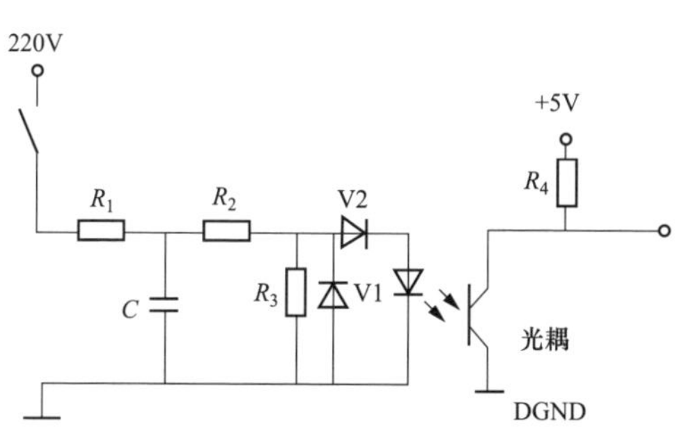

图2-3　遥信信号采集电路

安级，两个二极管的主要作用是保护光电耦合器，＋220V 和＋5V 电源相互独立且不共地网，使光电耦合器真正起到隔离作用。

（1）遥信试验时应有防止误动其他回路的措施，避免造成误出口、直流短路等事故。遥信回路试验时，必须有专人监护，确定回路正确后方可进行。在测控装置做硬触点遥信试验时，要找准遥信公共端及各遥信信号所在端子，如果遥信、遥控接线端子相邻，必须将遥控端子用明显标记进行隔离，同时可以采用先短接好要核对的信号端子再短接公共端的方式，减少误短接端子的概率，同时要核实该信号的正确性。

（2）遥信防抖时间的设置。遥信输入一般是带时限的，在某一状态变位后，在一定的时限内不应变化，若在短时间内发生变化将不被确认。为防止遥信受干扰发生瞬时变位，导致遥信误报，需要设置测控装置防抖时间，一般设置为 20～150ms（根据不同的遥信类型区分），时间太短容易误报，太长可能导致遥信丢失，造成监控不到位。

3. 遥控及遥调

随着变电站无人值班运行模式的推广，变电站日常运行均是通过自动化系统实现远方遥控、遥调功能。因此，遥控（遥调）的可靠性对电网的安全、可靠运行有着重要的影响。

遥控由监控后台或者调度主站发布命令，测控装置作为执行命令单位，执行合上或者断开某断路器、隔离开关或主变压器有载开关的升降。

通常，遥控操作过程包括遥控预置与遥控执行两个部分。在遥控预置过程中依据“选择-返校-执行”的原理，简单来说就是监控后台或主站向测控装置发送遥控命令，命令包括遥控对象号和遥控性质，测控装置收到遥控命令不直接执行，先判断遥控对象及性质是否正确，测控将返校结果回复至监控后台或主站。在规定的时间内，监控后台或主站判断收到的返校报文和遥控选择报文一致，就可发送遥控执行命令。测控装置收到执行命令后，驱动遥控出口继电器动作，若二次回路与一次设备正确，则遥控执行操作成功。

如图 2-4 所示，测控装置上有就地/远方把手（QK）、控制把手（KK）

两个把手，就地/远方把手为测控装置选择对断路器等设备是就地控制还是远方控制；控制把手只有当就地/远方把手切到“就地”时对断路器等进行分合控制；另外，在遥控回路有一个明显的断开点（遥控出口压板 1XB）时，其作用是使控制回路在测控装置屏面上有一个直观的断开点，当该压板由操作人员手动投入时，才可以有效地对断路器等进行分合闸控制，同时也对非被控对象起到闭锁的作用，有效防止误控。

防误闭锁系统（WF）主要是为操作人员在测控装置上操作时，防止误入间隔操作，防误闭锁工作站提供操作票模版、在线通过画面操作生成操作票，按照严格规范的倒闸操作程序通过电脑钥匙进行遥控，只有通过相应被控回路的电脑钥匙才可以将测控装置屏面上的遥控回路明显分断点短路从而发出遥控命令。

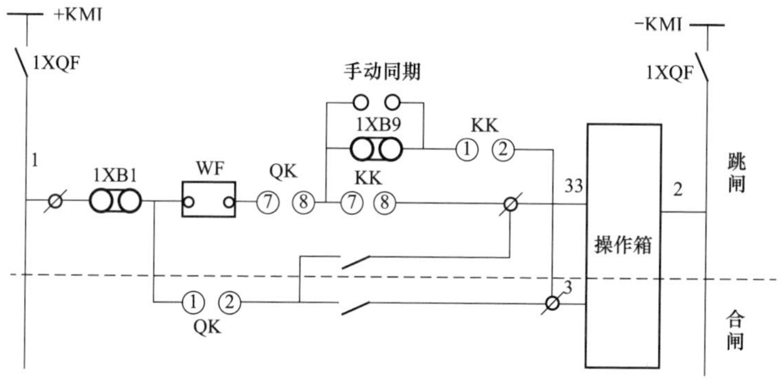

图 2-4　遥控回路内部回路图

（1）遥控试验最主要的防范措施是杜绝误遥控事件，遥控对象应具有唯一对应性，即测控装置的一个遥控对象只能作用于一个设备，且间隔名称对应正确。遥控试验作为变电站自动化系统风险最高的项目，试验前一定要做好相应安全措施，防止误控运行设备。对于新上设备遥控试验的，所控开关就地/远方把手应放在远方位置，全站其他的运行设备测控装置就地/远方把手均应放在就地位置，并且在装置上确认返校正确后，再执行出口；监控后台或主站进行遥控试验时操作人员及监护人员双方必须核对遥控对象和遥控点号正确并且是唯一的，确认安全防范措施已正确实施后，才能进行远方遥控试验。

（2）对单一间隔内的遥控试验操作，部分遥控对象不具备遥控条件的，例如断路器及线路检修时，在母线带电的情况下，母线侧隔离开关视为运行设备，不能遥控出口时，此时需对遥控出口压板执行进一步安全防范措施，即退出该隔离开关遥控出口压板，以免造成合闸于带电设备等恶性操作事件。

（3）针对更改测控装置配置参数的，应对测控装置做好配置备份的措施，厂家技术人员修改配置参数或配置文件，应在原配置基础上变动，并对测控装置采取遥测、遥信部分抽取试验，条件满足时建议进行完整的遥控试验。

二、测控装置硬件故障采取的安全防范措施

测控装置硬件故障采取的安全防范措施主要分为测控装置回路故障、电源板、通信板、开入/开出板、CPU 板、采样板、测控面板故障等情况应采取的安全防范措施。

1. CPU 板更换防范措施

（1）CPU 板件用于处理测控装置接收到的全部信息，是测控装置的大脑。若 CPU 故障，更换完成后，涉及整个测控装置的“四遥”试验，因此一般情况下，需要一次设备停电配合。尤其是遥控试验必须径实际试验出口验证，否则无法保证更换后的 CPU 是否正常。

（2）若不具备设备停役，要严格做好安全防范措施，遥测回路做好隔离，防止电压、电流倒送至一次运行设备。遥控出口回路做好相应的隔离，将遥控出口压板退出，并用绝缘胶布包好，避免更换过程中误碰出口压板。安全防范措施纳入工作票中，工作前后状态应能准确对应。

（3）更换前，对装置内部定值参数进行记录，配置文件进行备份，更换板件原则上不涉及参数及文件的变动。更换完成后，恢复原 CPU 定值参数及下装原配置文件。

（4）严格杜绝更换 CPU 板上电后发生装置地址冲突的情况，从而影响

正常运行设备的通信。解决方法：新CPU板在上电之前需要将该装置的通信可靠与监控系统中断（以太网的将网线拔出），保证装置上电后不会因地址冲突而引发问题。

2. 开入/开出板更换防范措施

（1）开入/开出板的故障更换，涉及遥信电源及装置电源，在更换前应保证遥信电源空气开关及装置电源空气开关在分闸状态。

（2）涉及测控装置之间的遥信回路，如装置故障互发，遥信联闭锁回路等，要按照现场图纸进行相应回路拆除，并做好记录，更换完成后及时恢复。

3. 采样板更换防范措施

（1）无论一次设备停役或运行，采样板更换前均需做好电压、电流回路的安全防范措施。具体做法：划开电压回路连接片，电流短接外部回路后再行划开连接片，外部回路用绝缘胶布包好隔离，将安全防范措施记录在工作票内。

（2）对于有直流量采样的，还需特别注意板件内部“跳线”设置，一般有0～5V或4～20mA选择，更换后板件应与故障板件一致。

（3）在做好测量安全措施的情况下，对测控采样板的采样进行模拟量试验，对采样值的精度及交流采样相序等进行统一检查。

4. 电源板故障

确定变电站直流系统电压为110V或220V，更换的电源板电压等级应与现场一致。更换前，断开测控装置直流电压空气开关即可。

5. 通信板故障

更换前记录通信板件设置的通信参数，并拔下通信线，装置设置完成后，方可恢复通信线，防止站内网络地址冲突。

6. 测控面板

与调度申请测控装置停电许可后进行面板更换。

三、测控装置软件故障采取的安全防范措施

软件故障如装置通信地址配置、测控模型配置、同期定值配置等参数

配置故障时，应与调度联系。

（1）装置地址配置。严格按照站内的网络地址分配表进行配置，切不可随意配置导致地址冲突，影响数据正常上送。

（2）定值参数配置。严格按照调度下发的同期定值单进行仔细核对执行，“四遥”参数按照规范文件要求设置，重点设置遥测死区、遥信防抖时间、遥控出口脉宽等。对部分有特殊要求的需另行设置，如间隔事故信号的防抖时间应区别于普通遥信。

（3）测控模型配置。在不更换升级硬件设备的情况下，一般测控模型配置不变，更换 CPU 板时需要对原来的测控模型进行备份，然后再进行下装。更换升级硬件时，若厂家技术人员需升级模型配置，应将该测控当做新投产设备，相关试验应完整。

【典型案例】

一、案例一：测量装置更换板件，配置设置不规范

1. 案例描述

某供电公司某 110kV 变电站 110kV 线路测控装置 CPU 板件故障，测控装置异常信号动作，遥测、遥信数据死数，且间隔设备无法正常遥控。测控装置如图 2-5 所示。

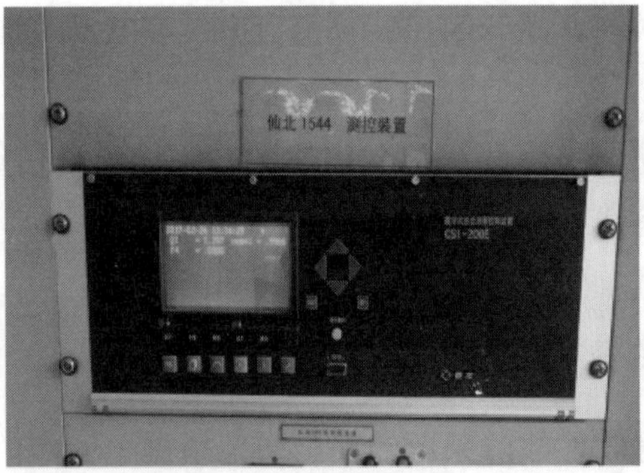

图 2-5 测控装置

2. 处理过程

检修人员重启该线路测控装置，测控装置异常信号无法复归，进行装置界面查看，发现装置内部自检报告显示 CPU 模块故障，据此判定装置 CPU 板件故障，需要更换板件。检修人员向调度部门申请将该间隔状态改为开关冷备用状态，测控装置停役检修。设备停役后，对该测控装置 CPU 板件进行更换，更换前核对电源电压、板件版本等，厂家人员备份相关配置文件及记录装置定值参数。更换完成后，恢复原配置及参数设置，并对该测控装置的遥测、遥信、遥控进行完整核对试验，所有试验项目均正确，检修人员下可投运的检修结论。

然而，在运维人员复役该间隔设备时，发现断路器遥控选择成功，遥控执行出口失败，重新尝试后，该断路器又能正常遥控合闸。经过检查发现，测控装置内部遥控出口脉宽时间设置太短，与断路器合闸时间不匹配，导致遥控的成功率不能达到要求的 100%。根据实际情况需求，适当对遥控出口脉宽延展，遥控成功率恢复到 100%。

3. 原因分析

测控装置更换 CPU 板件需要对装置内参数进行重新设置，部分参数由于是厂家默认值，无特殊情况检修人员不需要进行重新设置。而针对该特殊案例，应根据现场实际情况进行适当的参数调整，以满足其正常功能。现场调整过的定值参数应进行多次验证，保证其可靠性要求。

二、案例二：测控装置板件故障

1. 案例描述

某 110kV 变电站现场运维人员报告该站某线路测控装置故障信号动作，断路器位置指示灯不亮，液晶面板无显示，面板上按键时所有指示灯闪烁，监控后台报 110kV 测控装置失电告警，该线路测控装置通信中断，如图 2-6 和图 2-7 所示。

2. 处理过程

检修人员现场检查测控装置后发现该测控装置输入的装置电源正常，

为 110V，判断该装置的电源板已至运行寿命，选择更换电源板。更换电源板之前申请调度主站许可测控装置停役，并做好该测控的安全措施，包括同屏布置的测控装置进行安措隔离，该测控装置的遥控出口压板退出，拉开测控装置电源空气开关等。更换完电源板插件后重新启动测控装置，恢复正常，如图 2-8 所示。由于测控装置电源板不涉该装置的“四遥”功能，因此，在恢复装置电源后仅需对监控后台及调度主站的遥测、遥信等进行简单核对，无需进行相关的遥控试验。

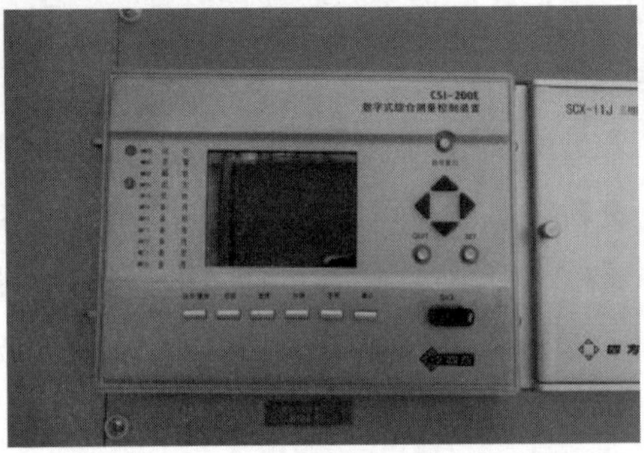

图 2-6　110kV 某线路测控装置故障

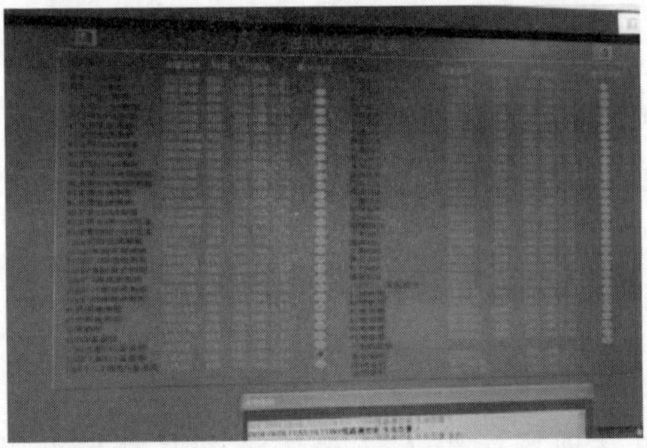

图 2-7　监控后台间隔通信中断

3. 原因分析

测控故障的一般原因有：

（1）装置直流电源输入异常，如空气开关跳开、直流电压异常等；

（2）测控装置电源插件损坏；

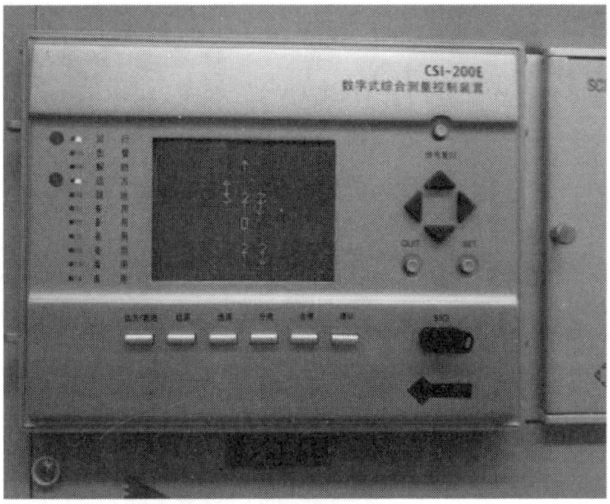

图 2-8 更换电源板后测控装置恢复正常

（3）测控装置面板或者运行灯损坏；

（4）测控装置 CPU 插件损坏；

（5）对于因电源异常引起的运行灯不亮可先检查外部电源回路，装置背板电压。

对该案例，单独更换电源板相对简单直接，更换后试验方便，只是对同一时期同一类型的设备应加强对备品备件的储备，结合变电站停电检修进行电源板件更换反措，提前消除设备安全隐患。

任务三 监控后台功能及其安全防范措施解析

≫【任务描述】 本任务主要讲解监控后台功能及其安全防范措施。通过本任务的介绍，了解监控后台的功能，熟悉监控后台涉及的安全防范措施，掌握监控后台日常操作及维护时所采取的安全防范措施。

≫【知识要点】

一、监控后台的功能

监控后台作为客户端，通过网络交换机采集传输间隔层设备的“四遥”数据，变电站运维人员可通过监控后台数据判断全站设备运行情况，发现异常及时处理。一般条件具备时，变电站监控后台均应接入双网交换机，实现冗余结构。监控后台运行环境较多，常见的有 Windows 系统、Linux 系统、Unix 系统等。

在监控后台正常运行时，当网络连接正常时若发生系统故障或者个别遥信信号和现场实际状态相异的情况，可以通过查询监控后台的 SOE（事件顺序记录）、历史记录等整体把握，全面分析，提高解决复杂问题的效率。

监控后台系统框架如图 2-9 所示。

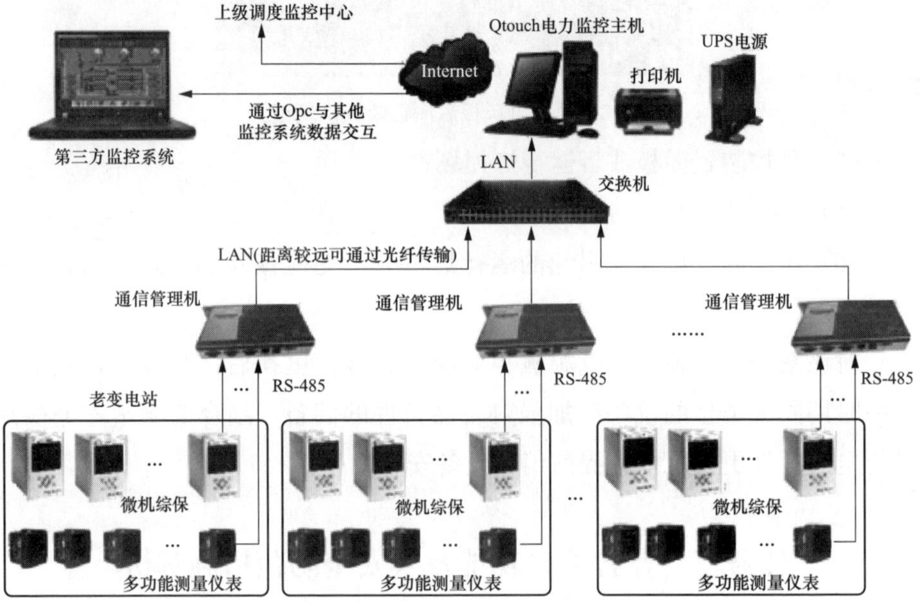

图 2-9 监控后台系统框架

二、监控后台的安全防范措施

监控后台的安全防范措施主要包括监控后台软硬件维护和监控后台日常操作的安全防范措施两个方面。

【技能要领】

一、监控后台软硬件维护采取的安全防范措施

监控后台硬件维护策略主要采用以换为主，以修为辅。主要原因为变

电站监控后台常年不间断运行及本身年限较长，主机关键零部件老化严重。常见的主要故障现象有网卡故障、硬盘故障、显示器故障、风机故障等，应采取相关针对性的防范措施。软件问题一般较为隐蔽，若存在软件问题，监控后台往往不能正常监控，监控数据与实际不符等，这就要求加强软件方面的验收。

1. 加强监控后台设备选型

从常见缺陷情况来看，监控后台使用的计算机类和网络通信等设备的缺陷占据了绝大多数。此类设备大多属各监控系统厂家的外购产品，其为了降低成本往往选择一些质量不是很好或不适合电力系统特殊环境使用的产品，在运行一段时间后，逐步暴露出各类质量问题。因此加强计算机和网络通信设备的选型工作十分重要，必须在相关的技术规范等文件中明确规定对此类设备的选型要求，严格控制监控系统生产厂家随意选用外购设备，确保选用性能优良，满足电力系统高电磁干扰、长期运行等苛刻条件的工业级计算机及网络设备。同时，从信息安防的角度考虑，软件应优先选用国产化的操作系统，如确需采用 Windows 等操作系统，则应进行安防加固，提高相应的安全等级。

2. 改善设备运行环境

由于外购的计算机及网络通信类设备一般对运行环境的要求相对较高，因此必须参照有关规定改善其运行环境，如按时开启空调，开展对上述设备进行定期清扫工作等。此外，后台机等设备通常是放置在控制台下，空间小、通风条件差，各类网络线交错繁杂，容易松动，是造成后台机频繁死机和通信中断的重要原因。因此上述设备也应考虑组屏安装。

3. 减少通用计算机类设备的使用

由于通用计算机类设备（或工控机类）使用硬盘及风扇等固有特性，注定了其易发生缺陷。因此，为了彻底解决上述问题，减少使用通用计算机类设备是必由之路。

4. 定期更换硬件设备

计算机类设备受电子元器件寿命及运行环境等条件的限制，其使用周期一般不超过6年。因此，必须考虑此类设备的定期更换工作，确保各设备始终处于良好状态。

5. 加强监控后台软件版本管理

针对计算机监控系统的软件类缺陷，更多地需要依靠相关生产厂家来改进完善。通常软件类缺陷一般不容易发现，往往需要经过一段时间运行后或在某种特殊情况下才有可能发生。软件问题往往需要通过升级处理，势必造成同一系统不同软件版本现象的出现。因此，加强监控系统相关软件版本的管理工作就显得尤为重要。

二、监控后台日常操作采取的安全防范措施

1. 监控后台配置准确性防范

该项工作主要结合变电站设备停电大修时进行，对监护后台的“四遥”数据进行全面性核对，包括测控上送的遥测、遥信的准确性及变位的可靠性。遥控配置检查属于重点项目，通过对设备实际遥控出口操作验证对应关系（遥控编号、五防闭锁等），避免误遥控设备。遥控时，需要做好其他运行设备测控装置的安全措施。

2. 监控后台系统运行管理防范

鉴于监控后台不间断运行的特点，在日常运行时，变电站运维人员常对监控后台进行关机重启等操作。为保证系统的良好，一般需要按照标准的监控后台关机重启步骤完成，否则容易造成监控后台硬件或者软件故障。另外，对监控后台进行二次安全防护设置，人员使用权限进行口令管理，防止无权限或者非操作人员进行违规操作，系统登录、退出应有相关记录。

【典型案例】

一、案例一：监控后台与“五防”通信引起的遥控故障

1. 案例描述

某220kV变电站监控后台无法正常遥控，遥控失败原因为“五防”校

验失败，监控后台“五防”解锁后能正常操作，如图 2-10 所示。“五防”系统报文监视显示其发送正常，无法接收监控后台报文，可初步判断故障原因为监控后台与五防系统的通信异常。

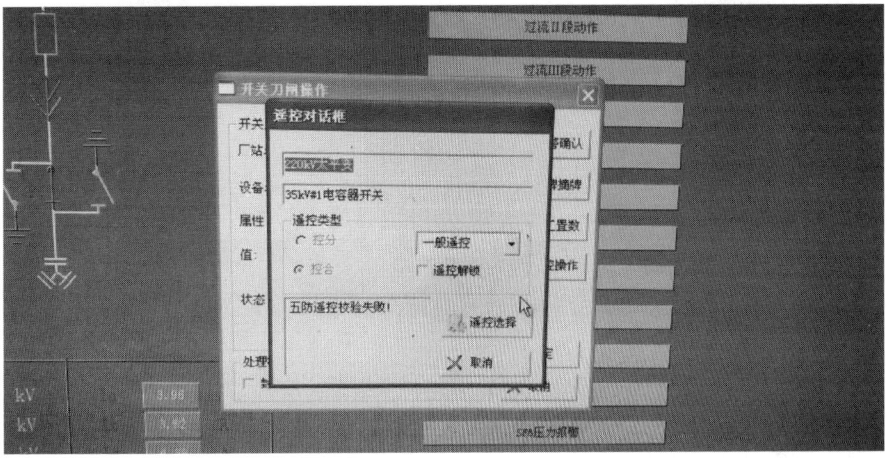

图 2-10 监控后台“五防”校验失败报告

2. 处理过程

“五防”系统无法正常接收到监控后台发出的遥控命令报文记录，初步怀疑监控后台或“五防”配置有问题。检修人员检查发现“五防”通信参数配置不正确，如图 2-11 所示，“五防”侧未配置后台主机Ⅰ、Ⅱ的 IP 地址，导致监控后台发出的报文数据不能到达“五防”系统，遥控选择时“五防”校验失败。

3. 原因分析

该案例中，监控后台遥控失败是由于“五防”系统的 IP 配置丢失或人为误删等原因导致的。“五防”系统作为监控后台遥控操作的站控层安全防范措施重要一环，对操作人员非常关键，任何操作人员不得越过“五防”系统进行直接遥控操作。只有“五防”逻辑通过，监控后台遥控双编号正确，方可执行遥控出口。新设备遥控前，应将运行设备切至就地控制，防止误遥控。

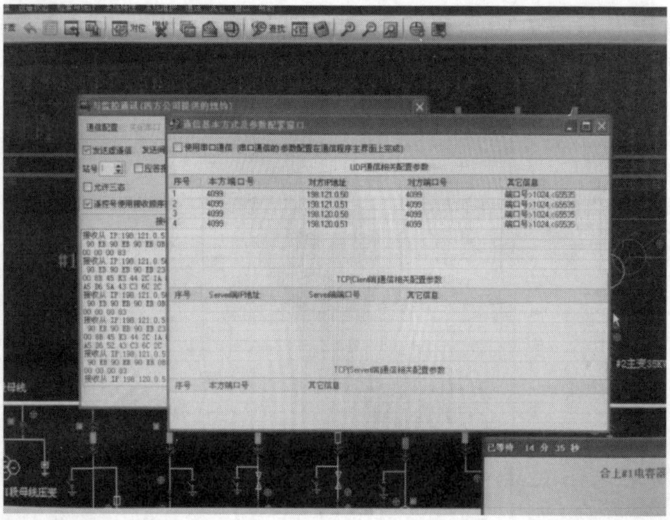

图 2-11 “五防”通信参数配置不正确

二、案例二：监控后台遥信数据配置错误

1. 案例描述

某 110kV 变电站正在进行综合自动化改造，检修人员对 10kV 线路 1 正在进行调试验收，当现场验收“10kV 线路 1 弹簧未储能”信号时，监控后台收到“10kV 线路 1 保护装置电源消失”信号。

2. 处理过程

检修人员检查遥信回路和二次图纸均无误，检查监控后台数据库发现是监控后台将两信号链接错误，更改数据库配置后可以正常接收到“10kV 线路 1 弹簧未储能”信号。

3. 原因分析

在改造或新建变电站时发生监控后台数据库配置错误的情况，要求验收人员加强验收，严格遵守验收细则，按照电网标准验收文档进行逐一验收方可减少错误量。

任务四　远动装置功能及其安全防范措施

【任务描述】 本任务主要讲解远动装置的功能及其安全防范措施。通过功能介绍、安全防范措施讲解和具体案例分析，了解远动装置的功能，熟悉远动装置相关的安全防范措施，掌握远动装置检修维护及故障处理所采取的安全防范措施。

【知识要点】

一、远动装置功能

变电站远动装置是完成调度主站与变电站之间各种信息采集、交互的实时自动化装置，包括完成变电站内数据采集、主站的下发命令执行、数据转发通信等重要功能。因此，检修人员是否能准确把握变电站远动装置的日常检修维护及故障处理策略对调度主站监控意义重大。

二、远动装置的安全防范措施

远动装置的安全防范措施包括远动装置软硬件检修维护及故障处理采取的安全防范措施。

【技能要领】

远动装置作为对调度主站通信的核心设备，目前运行的变电站多采用双主机冗余模式，在一台远动装置故障的情况下，原则上不影响调度主站的正常监控。正常情况下，远动装置软硬件维护时必须保证一台远动装置的正常运行，不可使两台远动装置同时与通信中断。远动装置的维护必须提前向调度主管部门提出设备停役申请，否则不具备工作条件。远动装置类似于监控后台，主要针对常见故障问题进行安全措施防范。常见的故障主要有电源板、CPU、通道板等硬件故障及内部软件故障、远动配置文件错误等。

1. 远动装置主要板件周期性整治防范

对常见远动装置的板件进行周期性整治，例如电源板、CPU板、通道板等，根据远动装置运行年限，结合设备停役进行板件更换维护。因为大部分远动装置寿命都有规律可循，一台远动装置故障，在同等运行年限的情况下，另外一台随时故障的可能性较大。若被动根据设备故障进行更换，运行风险性较高，尤其在高电压等级变电站。板件更换中，CPU板件更换最为复杂，需对更换后的CPU进行完整性调试。电源板及通道板等更换后，只需进行简单的选点试验。

硬件引起的通道中断类型故障在变电站远动装置故障类型中较为突出，主要表现为运动装置无法传输实时数据。主要原因是CPU主板出现故障，远动装置不能正常处理数据，或通道板、工作电源故障，传输实时数据的通道故障引起通信中断。

2. 远动装置通道数据管理防范

远动装置不同于其他装置，有着多通道上送数据的特点，这就要求各个通道的数据均保持一致性，否则调度主站接收的数据不一致。数据一致性主要包括以下几个方面：两台远动装置的参数配置应完全一致（本机地址除外），配置的主站前置IP地址应完整；国调、省调、地调等各级调度转发表实现单独管理，各张转发表应具备唯一性；“四遥”数据的定值装置参数可参考测控装置内定值参数设置，并满足相关运行要求。

远动装置通道配置管理不当，容易导致“四遥”数据转发错误，调度主站下发命令误动运行设备等严重后果，直接关系到调度主站对变电站的控制管理。体现在以下几个方面：

（1）遥测参数配置不当。若某一路遥测数据不准时，可能故障原因为：远动装置配置的遥测系数、遥测变化死区、变比设置、上送遥测起始地址与主站设置不一致、转发表转发点号不对应等。遥测数据异常对调度主站潮流分析、系统负荷调整至关重要，一方面要求调度主站监控值班人员对遥测数据进行认真核对，另一方面，远动装置转发点表应在投产前做好全面核对，对配置定值参数进行适当的验证，避免出现死区设置不当，遥测数据实时刷新不及时，影响系统稳定运行。

（2）遥信参数配置不当。断路器等设备辅助触点存在抖动，说明遥信回路的电阻过大，使得信号的衰减过大、遥信板输出的电压与机器本身的工作电压过低、电磁的干扰以及接地不好都可以导致其误发遥信，即导致遥信的误动。若远动配置的遥信参数定义库防抖定值设置存在问题，容易导致误发信。若远动装置对遥信数据“雪崩”故障处理的能力不够，将会造成大量开关发生变位，同时会有重要遥信丢失，对事故后分析系统故障造成很多不便。重点管控遥信转发表的管理，对转发表的起始点号、点号次序等进行逐一核对，原则上检修维护应全部核对，对不能实际试验的遥信可选择置位，通过报文信息的地址核对来验证配置正确性。

（3）遥控及遥调参数设置不当。遥控类型主要是对转发点表的准确性及遥控出口脉宽时间的验证。事实证明，遥控事故绝大多数均由于遥控配置错误导致，操作人员遥控变电站的断路器等设备时，主站以及变电站的遥控点号对应错误，错误地控制了其他断路器。遥控及遥调设备应首先确保遥控、遥调设备对象的遥信和现场实际一致，若遥信不一致，则应先处理遥信不对应问题后，方可进行操作。另外，远动遥控试验时，安全防范措施由变电站现场技术人员保证，除遥控设备测控装置远方/就地把手切至远方状态、遥控出口压板投入，其他运行设备均将把手切至就地闭锁状态。调度主站操作人员应与现场技术人员仔细核对安全防范措施是否执行到位，只有在明确措施后，方可进行调度主站远方操作。

3. 调度数据网络设备管理防范

调度数据网络是指电力 SDH 通信传输网络之上的调度生产专用数据网，是实现调度实时和非实时业务数据传输的基础平台，满足承载业务的安全性、实时性和可靠性的要求。远动装置只有通过调度数据网络，方可将变电站内实时、非实时数据与调度主站进行数据交换。调度数据网络设备主要包括实时、非实时交换机、接入路由器、纵向加密认证装置等。

调度数据网络重点强调系统安全防护，不同业务系统之间必须实现有效隔离，控制生产类实时数据与非控制生产类非实时数据进行隔离，并且需很高的防止外界非法入侵的要求，确保网络系统高效、长期运行。

调度数据网的信息系统安全主要体现在以下几个方层面：物理安全层面，其中包括物理线路和主机硬件的安全问题，比如偷窃、盗用、硬件故障、自然灾害等，会直接导致重要账号、口令以及数据丢失；网络安全方面，即网络层面的安全；系统安全方面，包括安全管理设置、账号口令设置、存取授权设置等；应用安全方面，即主机系统上应用软件层面的安全，如数据库、Web 服务器等；人员管理方面，即如何防止内部人员误用或攻击网络与系统等。针对上述方面的安全防范措施包括防范人员安全意识薄弱、防范系统数据破坏或者泄密、防范系统设计漏洞、防范配置与操作错误等。

【典型案例】

案例：远动装置遥控转发表配置错误导致的误遥控

1. 案例描述

某 220kV 变电站进行分阶段停电间隔层测控装置更换改造，改造的整个过程中，除改造间隔停役外，变电站的多数间隔正常运行。由于停役方式的特殊性，在改造时，部分间隔的母线隔离开关因母线带电运行不具备实际遥控试验条件。工作人员王某在改造试验时，考虑到遥控风险性较大，某条 220kV 线路母线隔离开关遥控试验未做，而远动装置转发表配置了母线隔离开关。在该间隔投产后，地区调度主站操作人员对该线路进行正常倒闸操作时，遥控合闸该线路母线隔离开关，而此时相邻线路间隔的母线隔离开关合位动作，现场检查发现已造成相邻线路的母线隔离开关误遥控。

2. 处理过程

经检修人员检查发现，远动装置转发给地区调度主站的遥控转发表配置错误，因两条线路名称较为相似，厂家人员将两条 220kV 线路的母线隔离开关配置错位。调试时，又因实际遥控条件不满足等原因，未对两个遥控点号进行核对，从而导致该严重误操作事件。重新配置远动装置遥控转发表后，调度主站的实际遥控验证正确。

3. 原因分析

对于不具备实际条件的远动转发点号，尤其是遥控转发点表，应采取其他遥控验证策略。常见的遥控验证方式是：退出测控装置该设备遥控出口压板，调度主站进行遥控预置操作，不执行，调试人员通过测控装置的遥控对象来保证远动装置点号正确；若测控装置无法体现遥控预置报文，则退出遥控压板，在远动装置调试窗口截取调度遥控预置报文，应有正确的选择、返校 104 报文，根据遥控起始地址及报文信息体对象地址计算出遥控转发点号是否与遥控设备一致。

任务五　同步时钟对时装置功能及其安全防范措施

》【任务描述】 本任务主要讲解同步时钟对时装置功能及其安全防范措施。通过功能介绍、安全防范措施讲解和具体案例分析，了解同步时钟对时装置的功能，熟悉同步时钟对时装置相关的安全防范措施，掌握处理同步时钟对时装置故障时所采取的安全防范措施。

》【知识要点】

一、同步时钟对时装置的功能

为保证电网安全和经济运行，各种以计算机技术和通信技术为基础的自动化装置被广泛应用，如调度自动化系统、故障录波装置、微机继电保护装置、变电站计算机监控系统、电能量计费系统等。随着变电站自动化水平的提高，电力系统对全站统一时钟的要求愈来愈迫切，有了统一时钟，既可实现全站各系统在统一时间基准下的运行监控，也可以通过各开关动作的先后顺序来分析事故的原因及发展过程。

同步时钟装置一般选用高精度授时型同步时钟接收装置、大规模集成电路设计，提供高精度 B 码、NTP 网络、脉冲等对时信号，在同步时钟地球同步卫星上面获取标准的信号信息，并且把这些对时信号在变电站内设备进行传输，可提供高冗余度、高可靠性的时间作为基准的信号，为变电站保护及自动化系统提供可靠的基准信号。变电站典型同步时钟对时系统结构如图 2-12 所示。

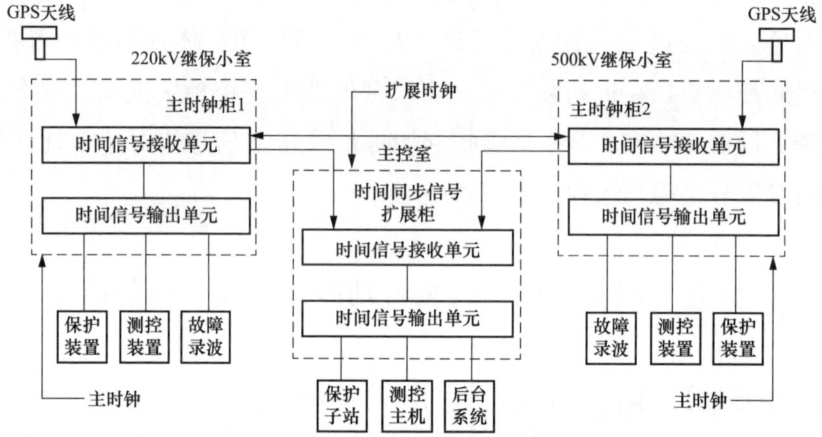

图 2-12　变电站典型同步时钟对时系统结构图

除少数老旧变电站外，多数变电站基本实现站控层设备同步时钟统一对时，但很多变电站的间隔层设备对时效果不理想，运行管理也需加以规范。主要由于间隔层设备种类繁多，而不同厂家的设备对时方式、对时规约等也各有不同，实现统一对时难度较大。因此，对不能实现全站统一对时的变电站，可优先考虑对同步时钟主时钟或扩展时钟进行板件扩展改造，尽可能实现保护、测控装置等间隔层核心设备的对时功能，保证事故分析记录的可靠性。

二、同步时钟对时装置的安全防范措施

同步时钟对时装置的安全防范措施包括同步时钟对时装置硬件故障采取的安全防范措施和同步时钟对时装置软件故障采取的安全防范措施。

【技能要领】

一、同步时钟对时装置的同步方式

变电站同步时钟时间的同步方式主要有通信对时方式、脉冲对时方式、脉冲对时方式和串行通信方式相结合的方式、B码对时方式四种。

（1）通信对时方式。时间报文主要由年、月、日、时、分、秒等组成，也可以采用用户所指定的特殊内容。如接收到的同步时钟卫星数、警报信号等。通信对时方式主要受距离的限制，因此造成时间的延时。但是通信对时方式的同步时钟能够用通信报文把精准的时间发送到总控制的通信装置。而总控通信装置可以通过现场的总线及串行总线，以广播报文的方式把时间信号传递到各个保护装置、测控装置及第三方的智能化设备中。如果采用软件对时，则系统可以每分钟发送一次对时报文，这样不但节省了专用的硬件设备，而且不用单独敷设电缆，大大降低了成本。通信对时方式的劣势在于对时总线的环节比较多，容易出现对时拖延，导致不同装置出现时间差。

（2）脉冲对时方式。脉冲主要由秒脉冲信号和分脉冲信号构成。秒脉冲利用同步时钟进行时间同步的校准工作，以此获得和UTC同步的时间精准度。脉冲对时方式的结构特点主要是通过同步时钟装置将过脉冲的扩展板与同步脉冲进行扩展并放大隔离后传送输出，然后通过通信电缆和保护装置、测控装置以及第三方的智能化设备进行连接。

（3）脉冲对时与串行通信相结合的方式。这种方式的结构特点比较明确，其对当前变电站普遍采用的脉冲和串行通信进行组合，通过软件对时，对时系统可以每分钟发送一次对时报文。对时装置能够获取对时装置中的年、月、日、时、分、秒等信息。采样脉冲对时则可以保证秒、毫秒的精准度。

（4）B码对时方式。IRIG-B码对时方式融合了脉冲对时方式和通信对时方式两者的优点，是一种精度很高并且又含有绝对的精确时间信息的对时方式。采用IRIC-B码对时，就不再需要现场总线的通信报文对时，也不再需要时钟同步对时装置输出大量脉冲节点信号。国家电网有限公司发布的技术规范中明确要求新投运的需要授时的变电站自动化系统间隔层设备，原则上应采用IRIG-B码（DC）方式实现对时。

二、同步时钟对时装置软硬件故障采取的安全防范措施

同步时钟对时装置的日常检修维护主要针对通信板件故障、电源故障、卫星故障、尾纤故障等硬件制定防范措施。

1. 同步时钟对时装置硬件定期维护防范

同步时钟对时装置设置周期性维护措施，主要对变电站内老旧同步时钟设备装置整体更换改造、重要板件周期性更换及故障发生前的备品备件储备管理。重要板件的维护处理措施如下：

（1）通信板故障告警及通信故障可能由于单板本身发生问题，或受到外界的强烈干扰（如不规范的接地）引起，当故障发生时会对交换机系统的运行有影响，应首先检查是否由于外界的干扰引起。

（2）电源故障时检查设备运行电源灯是否常亮，重启设备无效时，进行同电压等级的电源板更换。

（3）卫星接收异常时检查装置是否正确接收到3个以上卫星信号，若无卫星信号应观察当天的天气情况、卫星头是否被覆盖，由于卫星接收头均安装在房屋顶部，更换时应做好变电站登高作业的相应安全措施。

（4）若某一个装置无法对时或对时不准确，须检查测量二次设备对时线、同步时钟端对时线光功率是否正常，若无，则有可能尾纤折断、端子损坏或装置的接收信号板出现故障，应更换尾纤涉及的运行设备。更换时需做好其安全隔离防范措施，谨防误碰运行间隔。

2. 同步时钟对时装置软件配置防范

同步时钟对时装置需要与变电站内各设备进行对时通信，波特率、装置地址、装置频率都需要配置正确方能实现对时功能。同步时钟对时装置作为变电站层设备，接入变电站层网络，应做好网络接入的安全防范措施，

装置地址设置不与变电站内其他装置冲突，以免影响其他设备正常运行。

对硬件更换或者厂家软件版本升级的检修维护工作，更换前要做好软件版本号、装置内部定值参数、配置文件等的记录备份。更换或者升级完成后，核对版本及定值参数设置情况，对时成功后，统一检查变电站内设备对时是否恢复正常。对于部分间隔层装置，同步时钟对时装置更换过程中会失去对时源，装置会发装置异常信号，应提前和调度主站申请并说明原因，以免调度主站人员遥信误判。

【典型案例】

案例：保护装置对时出现异常

1. 案例描述

220kV 某变电站 1 号主变压器第一套、第二套、非电量保护装置对时出现异常。保护装置为河南许继厂家的设备，同步时钟对时装置厂家是南瑞继保。现象为年、月、日的时间错误，而时、分、秒都正确，当在同步时钟对时装置上手动更改正确时间后，一段时间后仍会变回错误的年、月、日。

2. 处理过程

经现场检查发现，对时的电平测量都是正确的，发现是保护装置的网关对时配置有误，更改对时配置后，保护装置时间对时正确。

3. 原因分析

同步时钟对时异常的缺陷发生率较高，有监控后台对时故障、同步时钟对时故障、保护装置及测控装置对时故障等，多以装置对时不精确为主要故障表象。对时异常虽然不会直接影响变电站其他设备的正常功能，但当发生系统性故障后，要求在分析事故的时间上极其精准，尤其体现在各保护装置动作时间顺序。作为变电站内的辅助性功能设备，加强同步时钟日常检修维护显得尤为重要。

任务六 站内网络交换机功能及其安全防范措施解析

【任务描述】 本任务主要讲解站内网络交换机功能及其安全防范措施。

通过功能介绍、安全防范措施讲解和具体案例分析，了解站内网络交换机的功能，熟悉站内网络交换机相关的安全防范措施，掌握处理监控后台网络异常时所采取的安全防范措施。

【知识要点】

一、站内网络交换机的功能

交换机是变电站自动化系统的基本组成部分，负责收集变电站内所有重要设备的信息并转发给监控主机、远动装置等，供运行维护人员使用。通常状态下，一台站内交换机负责的 20 个间隔的测控装置与监控主机的通信连接，如果交换机损坏，将造成通信异常，严重时会导致运行维护人员完全丧失对站内部分设备的监控，无法及时对出现问题的设备进行操作，造成损失。图 2-13 是 110kV 变电站网络通信内部结构图，站内设备可以通过以太网进行通信。

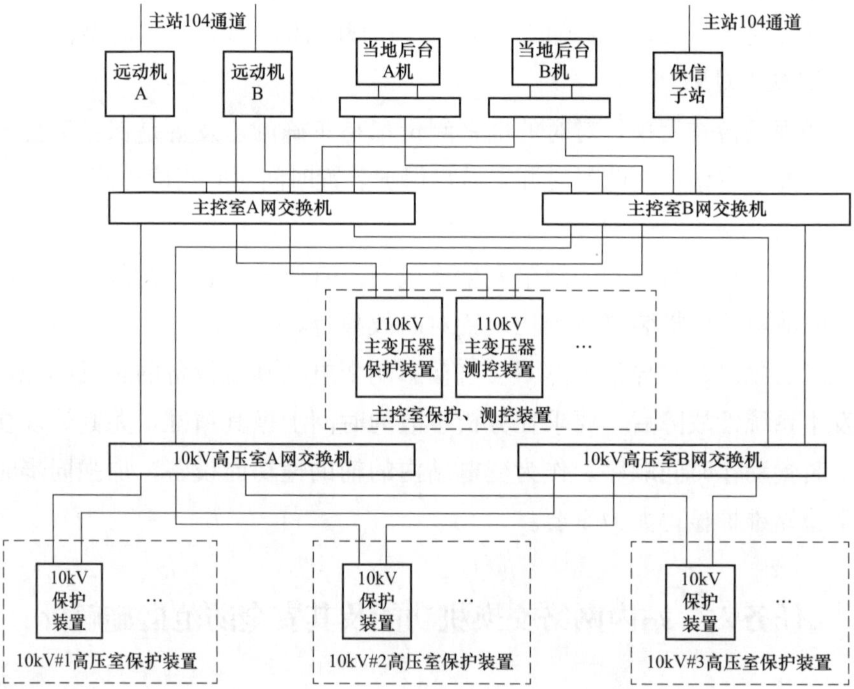

图 2-13 110kV 变电站网络通信内部的结构图

二、站内网络交换机的安全防范措施

间隔层网络是变电站自动化系统的重要组成部分，除了各运行间隔测控、保护装置之外，交换机也是网络中的重要组成部分，如果交换机出现故障和异常，那么网络会出现一定范围的中断情况，严重时会造成监控系统丧失功能，使调度主站失去对变电站的监视和控制，后果十分严重。一般而言，成熟的变电站自动化系统会对交换机的运行状态进行监视控制，并在交换机异常或异常之前发出报警信号，提示远方监控人员，组织检修人员及时到变电站内处理异常，以避免由此造成的网络大面积停运情况。因此，站内网络交换机的安全防范措施至关重要。

站内网络交换机的安全防范措施包括站内网络交换机硬件故障采取的安全防范措施和站内网络交换机软件故障采取的安全防范措施。

【技能要领】

一、网络交换机硬件故障采取的安全防范措施

变电站自动化系统网络若出现单网络的通信中断或者双网络通信中断，首先一定要检查出站内的各个层级所属交换机等一系列的网络设备以及相应的接线，因为所有的通信信号，无论测控采集的信号还是可以保护管理机转换并且传输出的遥信信号，均经过间隔层交换机、站控层的交换机、光电转换装置等网络传输装置进行相应的传输。因此，相应的硬件故障将导致网络通信中断。

针对站内网络交换机硬件故障所采取的安全防范措施主要是增加冗余设备及备品，如一些后备管理模块、电源或端口等，这些设备可以在故障出现时确保设备能够正常使用，提高网络系统的安全性和可靠性。

此外，针对一些具体的硬件故障，如电源故障、网口故障、网线故障、光纤转换盒故障、网线接入故障等，可以采取一些针对性行措施，减少发生故障的概率。不同的故障类型处理方式如下：

（1）电源故障。当交换机所适用的电压等级不正确时，将导致交换机故障。例如 110V 交换机转接 220V 的电源，就会把交换机上面的电源烧坏。反之，如果把 220V 的交换机接上 110V 的电源，交换机可以继续用，但在使用中会发生通信中断以及数据丢包的情况。另外，电压的稳定性也是导致交换机故障的主要原因，早期交流（AC）频繁出现电压不稳的情况易导致交换机上面的电源部件损坏。因此，要严格遵守设计规范，给网络交换机配置合适的电压等级，并且保证电压稳定性。

（2）网口故障。当水晶头与网口大小不相适应时，将导致网口损坏，因此在接线过程中要根据网口大小制作大小相适应的水晶头。

（3）网线故障。目前变电站的自动化程度已经越来越高，大量的保护及自动化装置都需要接入交换机，因此需要敷设大量的网线。所以要保证网线的质量，避免网线内部出现中断的情况。另外，需要清晰标注网线的起点以及终点，否则很容易把网线连接错误，导致 A 网和 B 网交叉，从而引发网络风暴。

（4）光纤转换盒故障。交换机与光缆之间必须运用光电转换盒进行电信号和光信号之间的转变运用。为有效减少光纤转换盒故障，要尽量使用同一个出厂商、同一个批次、规格一样光电转换器，否则易出现问题。如果条件允许，可以把光电转换器换成有光口的交换机，可减少繁冗的步骤，降低故障的存在率。另外，要及时对光口和尾纤进行清洁，光口和尾纤有尘垢也会导致通信故障。

（5）网线接入故障。不同交换机可能存在不同接口，要注意接口所满足的标准范围，一般接口在 MDI 标准的范围内，但是级联接口却是满足 MDIX 规范的，因此就出现了不同接口下的两种不同接线方式。如果两台交换机都连在一般接口级联上，通常使用交叉电缆作为连接两个接口之间的媒介；如果只需要一台交换机连接级联接口，一般选择合适的直通电缆。

随着技术的发展，目前大多数新型交换机接口都能自动适应环境，不同交换机的接口之间可以利用直连线连接，就能够完成级联。但在使用过程中要特别注意，交换机所能够连接的层次是有最大限制的，随意的两个接连点间的长度必须要比媒体段最高的承受范围小，这是级联能否顺利进行的关键。当许多交换机同时连接的时候，要确保所有的交换机都能符合生成协约，更要注意网内发生环路故障的问题。

二、网络交换机软件故障采取的安全防范措施

软件故障主要指网络交换机的内部配置错误，数据无法正常传输。网络交换机软件故障采取的安全防范措施主要是及时更新版本，提高稳定性。

在信息化深化应用不断发展的过程中，信息网络作为信息化应用的重要组成，其安全问题需要引起一定的重视。因此，针对网络交换机中存在的安全隐患进行有针对性的防范，避免出现的安全隐患让整个信息系统的数据信息被泄露是目前最重要的任务，因为一旦发生漏洞问题，将会引起整个网络中心失控，从而造成非常严重的后果。针对这种问题，要对网络交换机的版本进行及时更新，因为版本太低会影响网络的稳定性，在安全性方面存在一定隐患。升级的前提是设备 FLASH 容量足够，才能够升级到最新的版本，对于一些高级的核心交换机，可以升级设备容量，下载最新版本进行更新。为了保证网络信息的安全，一些重要部件也要进行重点维护，避免当网络交换机发生故障后影响系统的正常运行。

【典型案例】

案例：交换机故障引起的全站通信中断

1. 案例描述

某变电站调度主站报全站通信中断，经现场检查发现，当地监控后台部分间隔报通信中断，交换机网口灯不闪烁，如图 2-14 所示。

2. 处理过程

检修人员赶到现场发现交换机网口灯不闪烁，怀疑网络交换机故障，需进行交换机更换。更换前需提前联系调度许可，调度主站做好相应的全站数据封锁工作。更换交换机后间隔层各间隔通信陆续恢复正常，如图 2-15 所示。

图 2-14 某 110kV 变电站监控报全站通信中断

图 2-15 通信恢复正常

3. 原因分析

全站通信中断的可能原因多种多样，可能为调度数据网络设备故障、变电站内交换机故障、远动装置损坏等。在故障点明确为交换机时，有可能为交换机的部分网络口故障或交换机整机故障，此类情况建议进行整机更换，以免造成后续更大范围的通信中断。

更换交换机须做好安全防护措施，对影响通信正常的运行间隔，应申请调度主站对各间隔数据进行必要的数据封锁，更换完成后解除封锁，并核对数据。

任务七　不间断电源（UPS）功能及其安全防范措施解析

【任务描述】 本任务主要讲解 UPS 功能及其安全防范措施。通过功能介绍、安全防范措施讲解和具体案例分析，了解 UPS 的功能，熟悉 UPS 相关的安全防范措施，掌握处理 UPS 故障时所采取的安全防范措施。

【知识要点】

UPS 是一种把变电站内直流蓄电池和主机连接起来，利用主机逆变器和其他电路设备把原先的直流电转变成为标准市电运作的系统配置。它的服务对象包括变电站监控后台、交换机、调度数据网络设备以及其他交流电源装置等。UPS 的运行正常能够确保变电站自动化系统设备的运行正常。一旦发生事故，电源发生故障导致市电无法正常供应时，UPS 马上利用逆变器进行切换和转变，把直流蓄电池中所存储的直流电力转化为交流电用于负载，使负载不至于彻底瘫痪，并且防止负载的软件和硬件突然断电，设备受到损伤。

【技能要领】

为保障 UPS 的安全性，避免变电站自动化系统设备电力供应中断，可以采取以下安全防范措施：

（1）使用规定电流限额的空气开关。把 UPS 的输入输出连接至有规定电流限额的空气开关，并根据负荷容量以及上下级空气开关的配合，选定相应额定电流。通过该方法保障输入、输出发生短路等情况时，不损坏设备。

（2）接线方式要满足要求。对于 UPS 电源输入、输出接线方式都要符合国家规定的连接方式，在出现不符合的情况下，必须换掉中性线与相线的位置，从而避免造成 UPS 电源或负载设备损坏的情况。

【典型案例】

案例：变电站内自动化设备全线停机

1. 案例描述

变电站监控后台突然报出多条告警信息：UPS 异常、UPS 输出失电、电力数据网屏失电等。

变电站运维人员立即到场检查报警 UPS，现场状况如下：现场 UPS 输入主路、旁路电源开关状态无异常；输出各开关处于合闸位置，输出支路失电；输出柜开关对应电力数据网屏失电；报警 UPS 对应直流输入开关处于跳闸位置；UPS 本体各状态指示灯熄灭，报警灯常亮，同时伴有报警声。

2. 处理过程

(1) 立即对 UPS 电源各开关状态及电量各参数进行检查，交流电源电压无异常，主路、旁路开关均处于合闸位置，电流为 0；将 UPS 输出主进开关分闸。

(2) 按 UPS 本体故障清除键按钮。

(3) 将 UPS 输入主、旁路断路器分闸，静待 30s 后恢复合闸，此时 UPS 自动转为旁路运行状态。

(4) 将 UPS 运行状态由旁路供电模式转换为正常整流逆变模式；检查 UPS 输出各项电量参数无异常；此时再将直流输入开关由跳位分闸到分位，然后重新进行合闸，开关恢复正常合闸位置。

(5) 将 UPS 输出各开关恢复合闸位置，电力数据网屏恢复供电。

(6) 通知 UPS 厂家人员到场对故障设备进行检查，排除故障隐患。UPS 厂家维护人员到达现场后，对 UPS 内部数据导出检查；发现 UPS 故障时，本机发出了紧急停机指令，导致 UPS 停机。随后对 UPS 本体仔细检查，发现 EPO 连线插头未插实，无其他异常现象。

3. 原因分析

UPS 设备是供电可靠性的最后一道保障，为保障变电站自动化系统的供电安全可靠，防止类似问题再次发生，应对所有 UPS 运行安全隐患进行检查防范：全面检查 UPS 运行环境，检查风扇运行情况，确保 UPS 散热条件满足要求；检查 UPS 直流输入电源，确保直流电源可靠；检查各 UPS 的内部 EPO 接线情况，防止类似故障再次发生。

项目三

常规站继电保护安全防范技术

》【项目描述】 本项目针对现场作业的实际情况，通过介绍相关规范及案例，了解继电保护的安全防范技术如何实现对电网、人身、设备的安全保护。从准备工作、安装接线、设备试验、异常处理、验收交底、带负荷试验等工作方面进行详述。

任务一 常规站继电保护现场作业

》【任务描述】 本任务主要介绍继电保护设备现场作业开展前必须要做的准备工作及需要特别留意的安全注意事项，从而达到预防安全风险的目的。

》【知识要点】

在二次运检工作开工前要做好相应准备，通常可分为以下步骤：现场勘察，图纸及相关资料准备，施工方案编制，工作任务分工，明确运行方式，危险点预控，工器具准备，工作票及安全措施票填写。

》【技能要领】

一、作业前的准备工作

（1）了解工作地点、工作范围、一次设备和二次设备运行情况，与本工作有联系的运行设备，如失灵保护、远方跳闸、电网安全自动装置、联跳回路、重合闸、故障录波器、变电站自动化系统、继电保护及故障信息管理系统等，需要与其他班组配合的工作。

（2）拟订工作重点项目、准备处理的缺陷和薄弱环节。

（3）应具备与实际状况一致的图纸、上次检验报告、最新整定单、检验规程、标准化作业指导书、保护装置说明书、现场运行规程，合格的仪器、仪表、工具、连接导线和备品备件。确认微机继电保护和电网安全自动装置的软件版本符合要求，试验仪器使用的电源正确。

（4）工作人员应分工明确，熟悉图纸和检验规程等有关资料。

（5）若高压试验、通信、仪表、自动化等专业人员作业影响继电保护和电网安全自动装置的正常运行，应经相关调度批准，停用相关保护。作业前应填写工作票，工作票中应注明需要停用的保护。在做好安全措施后，方可进行工作。

（6）对重要和复杂保护装置，如母线保护、失灵保护、主变压器保护、远方跳闸、有联跳回路的保护装置、电网安全自动装置和备用电源自动投入装置等的现场检验工作，应编制经技术负责人审批的检验方案和继电保护安全措施票。

二、现场作业基本要求

作业危险点的分析预控应详尽、细致，并不能等同于工作所需的安全措施，特别要做好安全措施实施时的危险点分析和预控。现场作业要求见表 3-1。

表 3-1　　现 场 作 业 要 求

序号	危险点分析和预控
1	现场作业开始前，应检查已做的安全措施是否符合要求，运行设备和检修设备之间的隔离措施是否正确完成，工作时还应仔细核对检修设备名称，严防走错间隔
2	在运行的二次回路上工作时，必须由一人操作，另一人作监护。监护人由技术水平较高及有经验的人担任
3	工作人员在现场作业过程中，凡遇到异常情况（如断路器跳闸或直流系统接地等），不论与本身工作是否有关，应立即停止工作，保持现状，并与运行人员联系，待查明原因，确定与本工作无关并经运行值班员许可后方可继续工作
4	一次设备运行在部分停运的二次设备上进行工作时，应特别注意断开跳合闸回路及与运行设备安全有关的连线，并做好妥善、可靠的安全措施
5	运行中设备的压板投退、开关切换、信号复归等只能由运行值班员负责操作。对运行中或作为安全措施的一次设备状态的改变，都应由运行值班人员根据规定操作，严禁其他人员擅自改变设备状态
6	作业过程中任何人员不得擅自更改二次工作安全措施票所列措施，如试验需要必须更改，须经工作负责人确认，并做好相应记录和安全措施后在监护下进行，试验完毕后应立即恢复，并经第二人检查确认
7	在全部或部分带电的运行屏上进行工作时，应将检修设备与运行设备前后以明显标示隔开

续表

序号	危险点分析和预控
8	不允许在运行的继电保护、安全自动装置及自动化监控系统屏（柜）上钻孔。尽量避免在运行的继电保护、安全自动装置及自动化监控系统屏（柜）附近进行钻孔或进行任何有振动的工作，如要进行，应采取防止运行中设备误动作的措施，必要时向调度申请，经值班调度员或运行值班负责人同意，将相关设备暂时停用
9	在清扫运行中的设备和二次回路时，应认真仔细，并使用绝缘工具（毛刷、吹风设备等），特别注意防止振动，防止误碰

三、二次作业工作票要求

1. 第一种工作票

下列工作应填用变电站第一种工作票：

（1）在高压室遮栏内或与导电部分的距离小于《国家电网公司电力安全工作规程（变电部分）》（简称《安规》）规定的安全距离进行二次设备及其回路的检查试验时，需将高压设备停电的。

（2）在高压设备继电保护、安全自动装置和仪表、自动化监控系统等及其二次回路上工作需将高压设备停电或做安全措施的。

（3）通信系统同继电保护、安全自动装置等复用通道（包括载波、微波、光纤通道等）的检修、联动试验需将高压设备或做安全措施的。

2. 第二种工作票

下列工作应填用变电站第二种工作票：

（1）继电保护装置、安全自动装置、自动化监控系统在运行中改变装置原有定值时不影响一次设备正常运行的工作。

（2）对于连接电流互感器或电压互感器二次绕组并装在屏柜上的继电保护、安全自动装置上的工作，可以不停用所保护的高压设备或不需要做安全措施的。

（3）在继电保护、安全自动装置、自动化监控系统等及其二次回路，以及在通信复用通道设备上检修及试验工作，可以不停用高压设备或不需要做安全措施的。

四、二次工作安全措施票

现场工作中遇有下列情况应填写继电保护安全措施票：

(1) 在运行设备的二次回路上进行拆、接线工作。

(2) 在对检修设备执行隔离措施时，需断开、短路和恢复同运行设备有联系的二次回路工作。

继电保护安全措施票由工作负责人填写，由技术员、班长或技术负责人审核并签发。

监护人应由较高技术水平和有经验的人担任，执行人、恢复人由工作班成员担任，按继电保护安全措施票逐项进行继电保护作业。

调试单位负责编写的检验方案，应经本单位技术负责人审批签字，并经设备运行维护单位继电保护技术负责人审核和签发。

继电保护安全措施票的“工作时间”为工作票起始时间。在得到工作许可并做好安全措施后，方可开始检验工作。

应按要求认真填写继电保护安全措施票，被试设备名称和工作内容应与工作票一致。

继电保护安全措施票中“安全措施内容”应按实施的先后顺序逐项填写，按照被断开端子的“保护屏柜（或现场端子箱）名称、电缆号、端子号、回路号、功能和安全措施”格式填写。

开工前工作负责人应组织工作班人员核对安全措施票内容和现场接线，确保图纸与实物相符。

在运行设备的二次回路上进行拆、接线工作；在对检修设备进行隔离措施时，需拆断、短接和恢复同运行设备有联系的二次回路工作时，应填用二次工作安全措施票。

在工作前做安全措施时，认真对照已审批过的安全措施票逐条执行，并在“执行”栏打钩。工作结束恢复时，逐条在“恢复”栏打钩，如在执行过程中有与实际不相符的，应认真检查核实，确认无误后方可实施。

上述工作至少由两人进行。监护人由技术水平较高及有经验的人担任，执行人、恢复人由工作班成员担任，按二次工作安全措施票的顺序进行。相应执行人、监护人、恢复人各方应在相关工作完成后分别签字确认。

常见的几类保护调试的安全措施如下。

1. 主变压器保护调试安全措施

(1) 检查并记录保护装置的压板、空气开关、切换把手的初始位置(试验后恢复到原状态)。

(2) 电流回路：短接高中低各侧的A、B、C、N对应的电流端子外侧，断开中间连片，并用绝缘胶布封好（防止电流回路开路，防止人员触电，防止测试仪的交流电流倒送TA)。

(3) 电压回路：断开高中低各侧电压对应端子的中间连片，并用绝缘胶布封好（防止电压回路短路，防止人员触电，防止测试仪的交流电流倒送TV)。

(4) 控制回路：取下各侧断路器的跳闸出口压板，拆除各侧跳闸回路内配线，并用绝缘胶布包好（防止保护试验时误动)。

(5) 信号回路：拆除录波、监控、中央信号正电源外侧电缆接线，并用绝缘胶布包好（防止试验动作报告误传送到故障录波器、监控后台，频繁形成SOE报文)。

(6) 联跳回路：失灵启动回路，取下失灵启动压板，拆开失灵启动回路线头，用绝缘胶布包好（防止主变压器保护校验误启动失灵)。

2. 母线保护调试安全措施

(1) 检查并记录保护装置的压板、空气开关、切换把手的初始位置(试验后恢复到原状态)。

(2) 电流回路：短接各个支路的A、B、C、N对应的电流端子外侧，断开中间连片，并用绝缘胶布封好（防止电流回路开路，防止人员触电，防止测试仪的交流电流倒送TA)。

(3) 电压回路：断开正、副母电压对应端子的中间连片，并用绝缘胶布封好（防止电压回路短路，防止人员触电，防止测试仪的交流电流倒送TV）。

（4）控制回路：取下各支路跳闸出口压板，拆除各支路跳闸回路内配线，并用绝缘胶布包好（防止保护试验时误动）。

（5）信号回路：拆除录波、监控、中央信号正电源外侧电缆接线，并用绝缘胶布包好（防止试验动作报告误传送到故障录波器、监控后台，频繁形成 SOE 报文）。

（6）联跳回路：取下失灵联跳出口压板，拆除失灵联跳回路内配线，并用绝缘胶布包好（防止母差保护校验时联跳误出口）。

3. 线路保护调试安全措施

（1）检查并记录保护装置的压板、空气开关、切换把手的初始位置（试验后恢复到原状态）。

（2）电流回路：短接电流 A、B、C、N 对应的端子外侧，断开中间连片，并用绝缘胶布封好（防止电流回路开路，防止人员触电，防止测试仪的交流电流倒送 TA）。

（3）电压回路：断开 A、B、C、N、U_x、U_{xN} 对应端子的中间连片，并用绝缘胶布封好（防止电压回路短路，防止人员触电，防止测试仪的交流电流倒送 TV）。

（4）控制回路：取下跳合闸出口压板，拆开跳合闸回路内配线，并用绝缘胶布包好（防止保护试验时误动）。

（5）信号回路：拆除录波、监控、中央信号正电源外侧电缆接线，并用绝缘胶布包好（防止试验动作报告误传送到故障录波器、监控后台，频繁形成 SOE 报文）。

（6）失灵回路：失灵启动回路，取下 A、B、C 失灵启动压板，拆开失灵启动回路线头，用绝缘胶布包好（防止线路保护校验误启动失灵）。

典型安措在现场使用要认真核对，错误之处及时反馈，以便不断完善，不要认为典型安措是万能的，应根据设备检修方式及一、二次设备运行情况认真填写，必要时可增加安措。二次安措票见图 3-1。

已执行　　　　合格/不合格

××省电力公司××供电公司继电保护工作安全措施票

________变电站第________号第______种工作票继电保护工作安全措施附页

1.工作许可后工作班应根据____________号图纸执行下列二次回路的安全措施：

序号	安全措施内容	执行	恢复
1			
2			
3			
4			
5			

附页填写人签名：________附页签发人签名：________　________年___月___日

2.工作中、工作班负责人补充实施下列安全措施:工作负责人签名：__________________

序号	安全措施内容	执行	恢复

3.上述安全措施在________监护下由________执行。时间___月___日___时___分

4.上述恢复工作在________监护下由________执行。时间___月___日___时___分

5.工作结束。

工作负责人签名：________工作许可人签名：______时间___月___日___时___分

图 3-1　二次安措票

任务二 继电保护设备更换

【任务描述】 本任务主要讲解继电保护设备的更换工作。通过明确保护屏（柜）、控制屏（柜）、公用设备屏（柜）、自动装置等设备更换前所必须做的安全措施，以实现安全目标。

【知识要点】

继电保护设备更换，首先断开被拆设备各来电侧交、直流电源小开关（或熔丝），确保设备拆除过程中不影响上、下级电源回路的正常运行。

完成与运行设备有关的交流、直流电压回路的过渡（如公用二次小母线、断路器操作电源等），确保被拆二次设备的退出不影响其他设备的安全运行。

被拆设备中如串接运行设备有关的电流回路，应做好与运行设备有关的电流回路隔离措施，防止造成运行设备误动或异常。

被拆设备与运行设备有关的联跳回路应在运行设备侧拆除，并可靠隔离。

在拆除设备作业过程中仔细慎重，避免振动或撞击相邻设备，采取措施防止相邻设备误动，必要时停用由于振动可能会误动的相邻二次设备。

拆除相邻屏（柜）间固定螺栓，防止被拆屏（柜）移动时造成运行设备倾倒。

【技能要领】

一、公用小母线拆接的安全防护

（1）小母线断开和连接作业时应遵守以下各项规定：

1）小母线断开和连接前应进行图纸与现场实际核对，确定开接方案及安全措施，做好危险点分析和预控，必要时停用相关设备（防止失电压引起装置误动)。

2) 拆除工作至少应有4人同时进行，并明确分工，一人操作，一人监护，第三人监视相邻屏（柜）电源回路，另一人负责地面监护。

3) 使用合适的操作台，操作台应结实牢固，为绝缘体，防止造成操作人员在操作过程中跌落或发生人身触电事故。

4) 应按照本标准3.7.2.4条款（在带电的电压互感器二次回路上工作时的相关要求）开展作业。在搭接、开断、接入小母线时，要防止小母线短路、接地、小母线开路及工作人员人身触电。要防止在拆开、固定小母线端子（槽铁）时引起小母线接地及短路。

5) 拆除连接导线或电缆前应做好电源过渡工作，并对被拆连接导线或电缆逐一进行查线核对，确保连接导线或电缆的拆除不会引起相邻设备电源回路的失去。

6) 临时跨接用的电缆，应首先对两侧的回路（接入点）用电压表核对是否同相或同名端，并核对相应回路编号，正确后方可搭接，防止错相或不同母线电压回路错接事件。临时跨接用的电缆应走电缆层，并固定牢固。

7) 连接（拆除）小母线临时跨接电缆及搭接小母线时，须在两侧同时进行，并连接（拆除）一芯确认一芯。对拆除的芯线应及时用绝缘胶布包扎。要防止在作业过程中通过小母线产生寄生回路，避免对保护装置产生不良影响。恢复导线或电缆应逐一进行，先恢复新建设备侧，再恢复运行设备侧，先恢复远端回路，再恢复近端回路。

(2) 对于小母线（铜棒）分别布置在每块屏（柜）上方，其相邻屏（柜）之间的小母线用导线连接的设备，进行小母线拆除和恢复时，还应注意旧屏（柜）拆除及新屏就位前，应将相邻运行小母线端部用绝缘耐磨套管进行隔离，移屏时应特别注意保持相邻运行小母线之间的距离，以防小母线接地及短路。

以辐射形电缆布置代替小母线供电的方式，进行公用电源回路拆除和恢复时，还应注意拆除作为小母线使用的连接电缆时，须在两侧同时进行，并先拆电源侧，作业时应拆除一芯确认一芯。恢复电缆时顺序相反。

（3）公用小母线布置在一列屏（柜）上方，处于一列中间位置的屏（柜）小母线拆除和恢复时，还应注意以下事项：

1）从运行中小母线下移屏或拆屏时，应用绝缘物适当增高小母线，以增加屏位移动空间，并在小母线及端子下垫绝缘板防止引起小母线接地及短路。

2）若要开断小母线，开断工具应做好绝缘措施。在开断前，被开断母线与相邻设备及其他小母线间应用耐磨绝缘材料做好隔离措施。

3）开断小母线应逐一进行，先开断近端，再开断远端，恢复时顺序相反。

小母线跨接图见图 3-2。

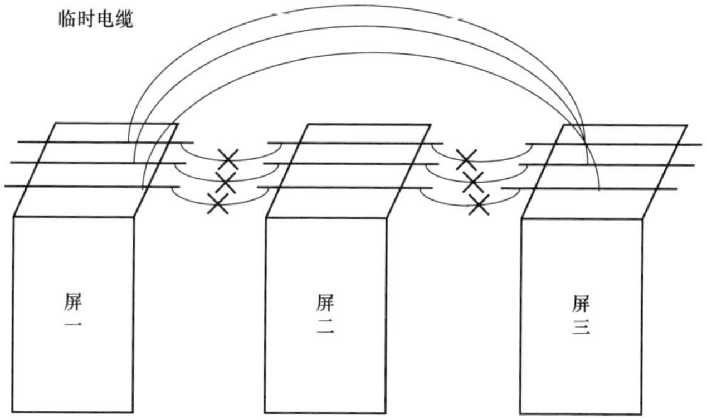

图 3-2 小母线跨接图

二、电缆拆除及敷设的安全防护

（一）控制电缆拆除

施工前施工人员必须熟悉设计部门印发的原理接线图、施工接线图，如是改建工程，设计部门应预先根据新老设备的接口回路出施工接线图，施工人员现场接线时应按接线图与实物仔细核对。

改变二次回路接线一定要有经审核后的施工图（或设计变更联系单），

并严格按图施工，拆动接线时要与原有图纸核对，改接线后要与新图纸核对。更改后一定要做模拟试验。

旧电缆拆除前应做好核对工作，首先应核对由运行部门提供的详细现场图纸资料，并根据电缆的走向认定两侧走向无误，先断开运行设备侧电缆接线，再断开另一侧电缆接线，两侧对线进行导通确认，无误后方可拆除。

电缆拆除应采用通过专用螺丝刀逐个拆离端子并做好绝缘隔离（如绝缘胶布包扎等）的方式，不得使用钢丝钳或采用其他方式切断整条电缆，以防止电缆切断过程中引起二次回路短路。

在旧屏（柜）控制电缆拆除前必须做好每根电缆线芯的标记，并确认每个电缆接线头已做好绝缘措施，方可将电缆从旧屏（柜）中抽出。

核对电缆芯线时应先用合适的电压表确认无压后，方可对线。

（二）控制及通信电缆敷设

调换继电保护部件，或由于调换开关、开关辅助触点、电流/电压互感器要临时拆接二次回路线头，虽不变更接线，工作时也应随带图纸，并与现场接线核对无误。拆线前相应端子要做好记录，接线后还要核对是否相符，接拆线要在专人监护下进行。恢复接线后做传动，或进行带负荷检验，以确定接线无误。

必须采取各种措施消除寄生回路。

经控制室零相小母线（N600）联通的几组电压互感器二次回路，只应在控制空将 N600 点接地，各电压互感器二次中性点在开关场应加击穿熔断器，如因同期或重合闸要求，线路电压互感器在控制室与母线电压互感器（N600）相连，也应断开现场的接地点并加击穿熔断器。

电缆敷设时，电缆应从盘的上端引出，不应使电缆在支架上及地面摩擦拖拉。电缆上不得有铠装压扁、电缆绞拧、护层折裂等未消除的机械损伤。

电缆敷设时应排列整齐，不宜交叉，加以固定，并及时装设标志牌，见图 3-3。

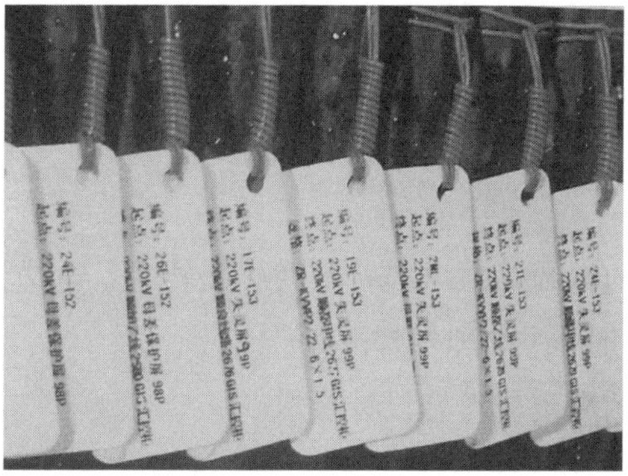

图 3-3　电缆排列挂牌

（三）光缆施放

在光纤敷设过程中无论是铠装光缆还是尾纤（或软光缆），都必须保证其所有弯折处的曲率半径均大于光纤外直径的 20 倍，接头部位应平直不受力，以确保光束在光纤中的可靠传输。

现场制作的光纤及通信线应进行相应检测合格后方能使用，检测数据应记录保存。

光缆端部均应加装号牌并表明其光缆/电缆编号。两侧安装地点等参数。不使用的光纤适配器及连接器应盖上塑料帽，接头盒应固定牢固。

（四）其他通信电缆施放

通信电缆端部均应加装号牌并标明其光缆/电缆编号、两侧安装地点等参数。

采用屏蔽双绞线的用于串行通信的通信线及通信电缆，其屏蔽层应接地。用于小室内各装置间通信的通信线，其中位于屏外部分需加装护套。

采用公共接地系统的通信方式必须采取隔离措施，以防止因两侧接地点电位差引起干扰影响正常工作。

小室内各装置之间通信若需采用公共接地系统的通信方式时也应考虑上述问题，应确保两侧信号地线处于同一电位。

（五）电缆的排列与固定

电力电缆和控制电缆不应同沟敷设。高低压电力电缆、强弱电控制电缆应按顺序分层配置，一般情况宜由上而下配置。

在下列地方应将电缆加以固定，引入屏柜的电缆应可靠固定在屏柜上：

1）垂直敷设或超过 45°倾斜敷设的电缆在每个支架上；桥架上每隔 2m 处。

2）水平敷设的电缆，在电缆首末两端及转弯、电缆接头的两端处；当对电缆间距有要求时，每隔 5～10m 处。

3）单芯电缆的固定应符合设计要求。

交流系统的单芯电缆或分相后的分相铅套电缆的固定夹具不应构成闭合磁路。裸铅（铝）套电缆的固定处，应加软衬垫保护。护层有绝缘要求的电缆，在固定处应加绝缘衬垫。

三、电缆沟封堵的安全防护

电缆进入电缆沟、隧道、竖井、建筑物、屏（柜）以及穿入管子时，出入口应用防火堵料封闭，见图 3-4。

图 3-4　电缆沟封堵

四、屏蔽接地的安全防护

开关场至保护室的用于集成、微机型保护的电流、电压、信号触点引入线应采用屏蔽电缆，屏蔽层两端应同时可靠接地。

根据开关场和一次设备安装的实际情况，应敷设与厂站主接地网紧密连接的等电位接地网。等电位接地网应满足以下要求：

1）应在主控室、保护室、敷设二次电缆的沟道、开关场的就地端子箱及保护用结合滤波器等处，使用截面积不小于 $100mm^2$ 的裸铜排（缆）敷设与主接地网紧密相连的等电位接地网。

2）在主控室、保护室柜屏下层的电缆夹层内，按柜屏布置的方向敷设 $100mm^2$ 的专用接地铜排（缆），将该专用接地铜排（缆）首末端连接，形成保护室内的等电位接地网。保护室内的等电位接地网必须用至少 4 根以上、截面积不小于 $50mm^2$ 的铜排（缆）与厂站的主接地网在电缆竖井处可靠连接。

3）静态保护和控制装置的屏柜下部应设有截面积不小于 $100mm^2$ 的接地铜排。屏柜上装置的接地端子应用截面积不小于 $4mm^2$ 的多股铜线和接地铜排相连。接地铜排应用截面积不小于 $50mm^2$ 的铜缆与保护室内的等电位接地网相连。

4）沿二次电缆的沟道敷设截面积不小于 $100mm^2$ 的裸铜排（缆），构建室外的等电位接地网。该铜排（缆）延伸与保护室内的等电位接地网连接；有必要时，还应延伸到通信机房，便于保护相关的通信设备部分的接地。在开关场一侧，由该铜排（缆）焊接多根截面积不小于 $50mm^2$ 的铜导线，分别延伸至保护用结合滤波器的高频电缆引出端口，距耦合电容器接地点约 3～5m 处与主地网连通。上述铜导线应放置在电缆沟的电缆架顶部。

5）分散布置的保护就地站、通信室与集控室之间，应使用截面积不少于 $100mm^2$ 的紧密与厂站主接地网相连接的铜排（缆）将保护就地站与集控室的等电位接地网可靠连接。

6）开关场的就地端子箱内应设置截面积不小于 $100mm^2$ 的裸铜排，并使用截面积不小于 $100mm^2$ 的铜缆与电缆沟道内的等电位接地网连接。

7）保护及相关二次回路和高频收发信机的电缆屏蔽层应使用截面积不小于 $4mm^2$ 多股铜质软导线可靠连接到等电位接地网的铜排上。

8）在开关场的变压器、断路器、隔离开关、结合滤波器和电流互感器、电压互感器等设备的二次电缆应经金属管从一次设备的接线盒（箱）引至就地端子箱，并将金属管的上端与上述设备的底座和金属外壳良好焊接，下端就近与主接地网良好焊接。在就地端子箱处将这些二次电缆的屏蔽层使用截面积不小于 $4mm^2$ 多股铜质软导线可靠单端连接至等电位接地网的铜排上。

9）结合滤波器的一、二次绕组间接地连线应断开。在控制室内，高频同轴电缆屏蔽层用 $1.5\sim2.5mm^2$ 的多股铜线直接接于保护屏接地铜排。收发信机应有可靠、完善的接地措施，并与保护屏接地铜排相连。

10）所有隔离变压器（电压、电流、直流逆变电源、导引线保护等）的一、二次线圈间必须有良好的屏蔽层，屏蔽层应在保护屏可靠接地。

11）在干扰水平较高的场所，或为取得必要的抗干扰效果，宜在敷设等电位接地网的基础上使用金属电缆托盘（架），并将各段电缆托盘（架）与等电位接地网紧密连接，并将不同用途的电缆分类、分层敷设在金属电缆托盘（架）中。

12）安装在通信室的保护专用光电转换设备与通信设备间应使用屏蔽电缆，并按敷设等电位接地网的要求，沿这些电缆敷设截面积不小于 $100mm^2$ 铜排（缆）可靠与通信设备的接地网紧密连接。

13）结合滤波器引入通信室的高频电缆，以及通信室至保护室的电缆宜按上述要求敷设等电位接地网，并将电缆的屏蔽层两端分别接至等电位接地网的铜排。

任务三 继电保护设备安装

【任务描述】 本任务主要讲解继电保护设备安装过程。通过对几种常见继电保护设备安装工作的介绍，掌握其安全防护的基本要领。

【知识要点】

继电保护设备的安装主要包括更换端子箱、保护屏、测控屏，二次回路的安装。端子箱、保护屏、测控屏等设备的安装就位应保证有足够的施工人员，统一指挥，协同作业，在二次回路上工作要遵守相关规程。

【技能要领】

一、立屏工作的安全防护

端子箱、保护屏、测控屏等设备安装就位后，必须立即进行固定，紧固相应安装螺栓，严禁浮放，防止新建设备倾倒造成人员伤亡或设备损坏事故。

二、二次回路安装的安全防护

（1）控制电缆及交流回路每个插入式接线端子只允许接 1 芯导线。

（2）控制电缆导线近端子排接引处预留长度应适当，且各导线预留长度余量一致。

（3）控制电缆端子排上导线芯线端部弯曲应顺时针方向，且大小合适。

（4）剖接控制电缆应使用合适的专用工具，防止由于工具使用不当损坏电缆绝缘。

（5）电缆芯线的捋直应用手捋直，不宜用瞬时加力抻直的方法，防止损伤电缆芯线。

（6）交、直流回路不得合用同一条电缆。

（7）不同控制回路不得合用同一条电缆。

（8）端子箱及屏内裸露线头必须用绝缘带进行包扎，并与运行设备可靠隔离；屏内不用导线和电缆应拆除。

（9）正电源与跳合闸回路、正电源与负电源回路、交流电流与交流电压回路、交流回路与直流回路间的端子布置应至少间隔一个端子或设置绝缘隔板，且绝缘可靠。

三、搭接工作的安全防护

变电站扩建、技改工程涉及运行设备的电缆搭接工作必须在新建设备施工完毕，验收合格后，方可由施工单位向运行单位申请进行搭接。

变电站扩建、技改工程的电缆搭接工作，新建设备侧由施工单位负责，运行设备侧由运行单位负责；先搭接新建设备侧，再搭接运行设备侧。

变电站扩建、技改工程涉及运行开关传动试验工作一般由运行单位担任工作负责人及安全监护人。

在现场工作时，除遵守《安规》外，必须严格遵守《继电保护和电网安全自动装置现场工作保安规定》，事先做好完整的技术组织措施，包括工作部分与带电设备的隔离，工作负责人必须事先写好安全措施卡。现场工作时要有专人监护，不得随意更改工作步骤。

工作前要求值班运行人员做好规定的安全措施，工作盘上或其他适当地点上应有“在此工作”指示牌。工作盘两旁运行中的继电保护盘，盘后应有红布幔遮住，继电保护人员不得随便变动安全措施。

在继电保护盘上工作，特别是一块盘上有几个回路，或装置较紧凑的情况下工作时，对邻近的继电器端子排等要有明显的隔离措施，如加临时绝缘套、罩或其他防护措施，以防使用螺丝刀、钳子、扳手等不慎误碰跳闸。

凡一经触动就有可能跳闸的继电器、按钮、断路器等，在其盖子及底板上均应有鲜明的警告标志。

要在运行中的继电保护盘上或附近进行打洞、钻眼工作，而又不能停电时，原则上应使用手摇工具，不用电动工具，并采取防震措施。对瞬时动作的出口继电器应特别注意，一般要停用保护后才可工作。继电保护屏搬迁移屏工作时，应防止相邻屏的震动或屏顶小母线短路。

在继电保护盘的盘前和盘后都应有明显的设备名称编号，如块盘上有两个以上回路保护设备时，在盘上应有明显的划分线条。

不应在已接入运行设备的继电保护盘前或盘后使用电焊机。在运行的静态继电保护盘附近不使用强电磁辐射设备及电焊机，避免受扰而误动。

加强对新人员的技术培训工作，特别是新人员在带电设备上进行工作或学习时，一定要有老师傅在旁监护、指导。

【典型案例】

一、案例一：端子未有效隔离导致 220kV 断路器无故障跳闸

1. 案例描述

某 220kV 变电站 220kV 线路断路器跳开，线路第一套、第二套保护装置仅有保护启动信号，无任何保护动作信号。

2. 原因分析

线路测控装置分闸回路端子排内侧分闸出口端子 1D 88（133）软铜线接头处（厂家配线）有根细铜丝裸露，如图 3-5 所示，且分闸出口端子 1D 88（133）与公共电源端子 1D 89（101）之间无空端子隔离，端子排细微晃动引起裸露铜丝与正电源端子 1D 89（101）碰触，导致手动分闸回路导通，造成线路断路器跳闸。

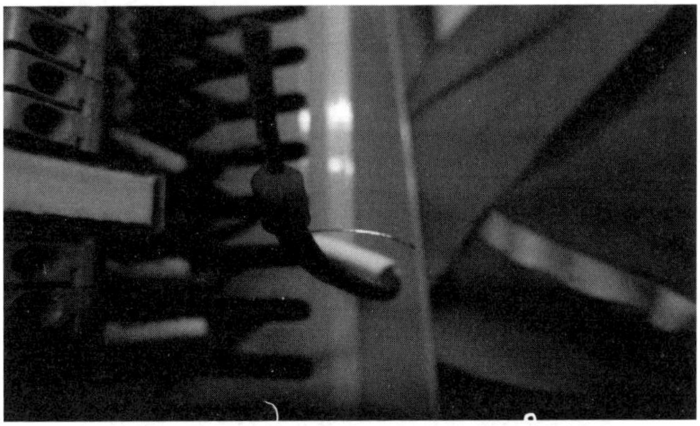

图 3-5　分闸出口端子电线接头

3. 防控措施

根据《火电发电厂、变电站二次接线设计技术规程》（DL/T 5136—2012）第 7.4.7 条“正、负电源之间以及经常带电的正电源与合闸或跳闸回路之间的端子排应以一个空端子隔开”，建议分、合闸出口端子与公共电源端子以一个空端子隔开。

二、案例二：短接片施工工艺不良导致线路单相故障断路器三跳

1. 案例描述

某 500kV 线路 C 相故障，第二套后备保护跳 C 相后三跳，同时边断路器“重合闸闭锁”灯亮。

2. 原因分析

线路近端 C 相瞬时性接地故障，第一套主保护、后备保护、第二套主保护均正确动作，单跳边断路器和中断路器 C 相。第二套后备保护 C 相跳闸后，因 B 相正常运行且与 C 相短路，C 相仍有电流存在（有效值 0.14A），250ms 后补发三跳令，跳开边断路器三相。

线路第二套保护电流回路接线如下：TA 二次→主保护装置→端子排→后备保护装置→端子排。检修人员在对后备保护端子排接线检查中发现，端子排上 1D8 和 1D9（B 相电流）的短接片与 1D10 和 1D11（C 相电流）的短接片金属部分工艺粗糙，相互间的隔离裕度不足，长时间运行后发生位移，导致短接片有接触，造成 B、C 两相短路，如图 3-6 所示。

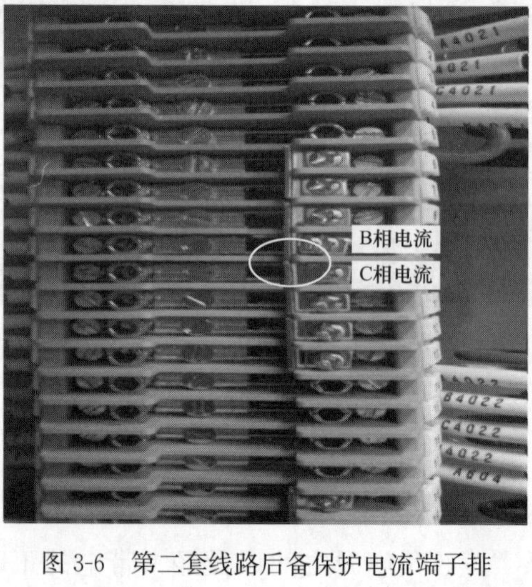

图 3-6 第二套线路后备保护电流端子排

3. 防控措施

(1) 将第二套保护端子排 A、B、C、N 短接片进行移位，形成左右错

位布置，避免短接情况发生，并将短接片错开布置纳入工程验收标准。

（2）加快进口保护的国产化改造。

（3）加强区外故障后非故障线路的故障录波波形分析，将保护装置的采样值检查纳入每月设备全面巡视范围，及早发现隐性缺陷。

三、案例三：开关端子箱电流端子虚接造成主变压器差动保护动作

1. 案例描述

220kV主变压器无故障情况下第一套保护A相出现差流，差流大于定值造成主变压器第一套差动保护动作。

2. 原因分析

由于气温骤降，电缆冷缩向下拉，开关端子箱内110kVA相电流端子螺栓压接不紧造成虚开引起差流，造成第一套差动保护动作。

3. 防控措施

（1）加强持卡验收管理，建立继电保护“精益化”首检机制，把好验收关，实现“精益化”管理关口前移，及时消除隐蔽工程缺陷。

（2）检修运维单位加强二次设备红外测温工作，重点针对电流回路进行核查，特别是户外端子箱、变压器差动保护、母线差动保护、线路纵联差动保护的电流回路。

任务四　二次回路接线变更及图纸管理

》【任务描述】 本任务主要讲解二次回路图纸的相关规范。通过掌握按图施工、规范的图纸修改，减少由图纸引起的问题。

》【知识要点】

现场工作应按图纸进行，严禁凭记忆工作，如发现图纸与实际接线不符时，应查线核对，查明原因，并按以下程序执行：

（1）如现场无法确认，应暂停工作，并汇报主管技术部门；

（2）如实际接线错误，图纸正确，应按图纸及时修改实际接线，并汇报主管技术部门；

（3）如图纸错误，实际接线正确，应汇报主管技术部门并按正确接线及时修改更正图纸，然后记录修改理由、日期和修改人签名，并经主管技术部门确认。

【技能要领】

若对运行中的二次设备的外部接线进行改动，必须履行如下程序：

（1）编制申请改动联系单，申请改动联系单应包含改动的内容和原因、建议修改方案，报技术主管部门；

（2）具有正式的设计联系单或技术主管部门的工作联系单，执行完毕后由施工单位在原图上做好修改并签字确认；

（3）拆动接线前先要与原图核对；

（4）拆动二次回路时必须逐一做好记录，恢复时严格核对；

（5）接线改动后，应做相应的试验验证，确认回路、极性及整定值完全正确，然后交由值班运行人员验收后再申请投入运行；

（6）接线修改后要与新图核对，并及时修改底图，修改运行人员及有关各级工作人员用的图纸并签字，修改后的图纸应及时报送技术主管部门；

（7）二次线变动或改进应严防产生寄生回路，废弃的导线应拆除。

【典型案例】

一、案例一：二次回路设计错误造成断路器拒分

1. 案例描述

220kV 变电站 110kV 线路保护动作，断路器跳闸，重合闸动作断路器合闸，后加速保护动作，断路器未分闸；1 号主变压器 110kV 后备保护动作，跳开 110kV 母分断路器和 1 号主变压器 110kV 断路器。

2. 原因分析

造成本次故障范围扩大的主要原因是 110kV 线路断路器在重合后加速

保护动作后拒动引起的。在气压不足闭锁启动回路中串接了“弹簧未储能”触点后，在断路器正常储能情况下对断路器没有影响，但是断路器一旦进行合闸（或重合）操作，则断路器合闸弹簧释能，“弹簧未储能”接点闭合（储能时间约需 9s），TYJ 分闸闭锁继电器动作，断开断路器跳闸回路，导致断路器重合闸后加速保护动作后断路器拒动。

3. 防控措施

加强施工图交底环节的管控，及时发现可能存在的设备安全隐患。

二、案例二：未考虑操作箱双重化的回路变更造成线路单相瞬时保护三跳

1. 案例描述

220kV 线路发生 C 相瞬时接地故障，第一套保护正确动作，第二套保护动作三相跳闸，重合闸未动作。

2. 原因分析

原因为第二套保护操作箱 2ZJ 触点闭锁重合闸开入为“1”，2ZJ 继电器动作是由合后位置继电器 ZJ 触点动作启动的，如图 3-7 所示。而第二套操作箱手分、手合触点未接入，无法实现手分闭锁重合闸回路及手合复归重合闸闭锁回路功能。

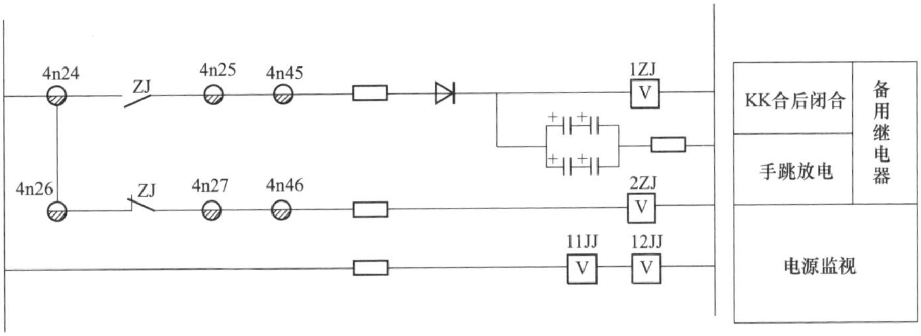

图 3-7　2ZJ 继电器控制回路图

3. 防控措施

（1）加强施工图交底环节的管控，及时发现可能存在的设备安全隐患。

（2）遥分、遥合需要输出 2 对触点，以满足操作箱双重化的要求。

三、案例三：220kV 1、2 号主变压器冷控失电非电量保护误动

1. 案例描述

1、2 号主变压器非电量保护（冷控失电）动作，跳开 1 号主变压器三侧断路器、2 号主变压器 220kV 侧和 35kV 侧断路器（110kV 断路器跳闸前分位）。

2. 原因分析

冷却器全停后，1、2 号主变压器冷却风扇控制箱中继电器 2KT 经过 20min 延时后出口跳闸，如图 3-8 所示。经确认此次出口跳闸的不串接油温触点延时动作回路为多余回路，而且回路中延时继电器 2KT 的延时定值误设为 20min。

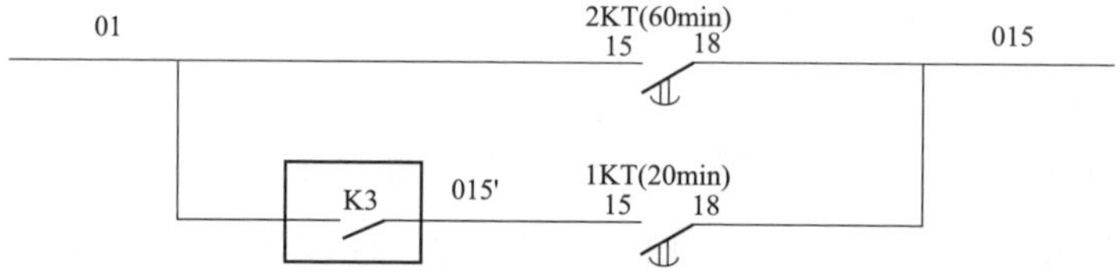

图 3-8 冷控控制回路图

3. 防控措施

（1）各级建设、运检部门、单位和相关工程参建单位，必须进一步加强对浙江公司油浸式变压器（电抗器）非电量保护相关管理规程的培训和学习，确保现场执行人员理解到位、执行到位。

（2）各级调控中心、运检部、信通分公司、变电检修室、变电运维室、输电运检室、施工单位、监理单位要严格依据浙江公司相关管理规程、规定及现场的实际情况，认真审查设计单位所提交的设计图纸；各级建设部要做好图纸审查的组织工作，并对审查所提出的意见做好闭环管理工作。

任务五 设 备 调 试

》【任务描述】 本任务主要讲解继电保护设备校验过程中需要注意的安

全防范措施。通过对继电保护设备调试安全防范措施的介绍，掌握继电保护调试的要点，达到规范调试的目的。

【知识要点】

继电保护调试过程中涉及多个试验，每个项目有规范的流程，应遵循作业指导书进行规范的操作，防止因误操作造成电网、人身、设备的损害。

【技能要领】

一、设备试验要求

必须采用经检验合格的试验设备及工器具，试验用的接线应满足容量、绝缘强度、机械强度、接线可靠方便等试验要求。

试验应使用专用的试验电源，禁止用运行中的设备电源作为试验电源。

在进行试验接线前，应了解试验电源的容量和接线方式。配备适当的熔丝，特别要防止总电源熔丝越级熔断。

试验用隔离开关必须带罩。在进行试验接线工作完毕后，必须经第二人检查，方可通电。

应核对试验设备额定电源电压与试验电源是否相符，输入量程及输出信号应满足试验要求。

试验设备在使用过程中必须可靠接地，试验设备的外壳的专用接地端子应与被试设备的接地点相连。

试验设备的探头（或接线）应与试验内容相匹配。在接线或操作时，应谨慎仔细，防止损坏试验或被试设备。

对电子仪表的接地方式应特别注意，接地方式应根据仪表说明书要求，以免烧坏仪表和保护装置中的插件。

试验应按照作业指导书、检验规程及厂家说明书进行。

运行人员应在工作的继电保护屏的正、背面设置“在此工作”的标志。如进行工作的继电保护屏上仍有运行设备，则应将运行的装置、端子排、压板等用红布等覆盖，以与检修设备分开。相邻的运行继电保护屏前后应有“运行中”的明显标志（如红布、遮栏等）。

二、设备试验安全注意事项

继电保护、安全自动装置及自动化监控系统做传动试验或一次通流、耐压试验前，应通知运行人员和有关人员，并派人到现场看守，检查二次回路及一次设备上确无人工作后，方可进行。严格按照作业指导书要求进行试验，并逐项立即记录在试验记录表格内，防止试验漏项。

继电保护试验用仪表，必须定期校核，确保符合标准，极性表在使用前应证明它的极性指示是否正确，在继电保护试验中应记明本次试验所用仪表名称及编号。

所有电流互感器和电压互感器的二次绕组应有一点且仅有一点永久性的、可靠的保护接地。

（1）在带电的电流互感器二次回路上工作时，应采取下列安全措施：

1）严禁将电流互感器二次侧开路。

2）在电流互感器二次回路进行短路接线时，应用短接片或专用短接线可靠短接，严禁用导线缠绕。试验的电流回路与运行回路应可靠断开。

3）在电流互感器与短路端子之间导线上进行任何工作，应有严格的安全措施，并填二次工作安全措施票。必要时申请停用有关保护装置、安全自动装置或自动化监控系统。

4）工作中严禁将回路的永久接地点断开。

5）工作时，应有专人监护，使用绝缘工具，并站在绝缘垫上。

（2）在带电的电压互感器二次回路上工作时，应采取下列安全措施：

1）严格防止短路或接地。应使用绝缘工具，戴手套。必要时，工作前申请停用有关保护装置、安全自动装置或自动化监控系统。

2）接临时负载，应装有专用的隔离开关和熔断器。

3）工作时应有专人监护，严禁将回路的安全接地点断开。

4）电压互感器二次回路通电试验时，为防止由二次侧向一次侧反充电，除应将二次回路断开外，还应取下电压互感器高压熔断器或断开电压互感器一次隔离开关。

(3) 多套装置共用一组回路，停用其中一套装置进行试验时，或者与其他运行装置有关联的某一套装置进行试验时，必须特别注意做好其他装置的相关的安全措施。

在运行中的高频通道加工设备上进行工作时，应确认耦合电容器低压侧可靠接地后，才能进行工作。

在集成电路、微机等电子装置上进行工作时，要有防止静电感应的措施，以免损坏设备。

检验集成电路、微机等电子装置时，为防止损坏芯片，应注意如下问题：

1）屏（柜）应有良好可靠的接地。在使用交流电源的电子仪器（如示波器、频率计等）测量电路参数时，电子仪器测量端子与电源侧应绝缘良好，仪器外壳应与屏（柜）在同一点接地。

2）检验中不宜用电烙铁，如必须用电烙铁，应使用专用电烙铁，并将电烙铁与保护屏（柜）在同一点接地，焊接时电烙铁必须处于断电状态。

3）用手触摸芯片的管脚时，应有防止人身静电损坏集成电路芯片的措施。

4）只有断开直流电源后才允许插、拔插件。

5）拔芯片应用专用起拔器，插入芯片应注意芯片插入方向，插入芯片后应经第二人检验无误后，方可通电检验或使用。

三、绝缘试验的安全防护

绝缘试验应按照检验规程要求进行试验，并注意以下事项：

(1) 根据规程选择合适规格的绝缘电阻测试仪，对集成电路、微机等电子装置进行测试时应选用电子式绝缘电阻测试仪；

(2) 试验前应告知其他在该回路上的工作班暂停工作；

(3) 断开本路交直流电源；

(4) 断开与其他回路的连线；

(5) 断开相关的弱电回路；

(6) 拔出被试设备的相应插件；

(7) 将被试电流回路及电压回路与接地点隔离；

(8) 测试完毕后须可靠多次放电；

(9) 摇测完毕应恢复原状。

四、回路传动安全防护

传动或整组试验前应复查安全措施是否完备，应明确试验的内容及范围，确定试验应取得的预期结果；传动或整组试验时，应有专人核对相应中央信号或计算机监控系统、集控站的保护动作信息是否与试验要求一致。

进行整组传动试验时，应在设备屏（柜）端子排处通入相应的电流、电压，按规定要求进行试验（见图 3-9），禁止用短接触点、回路的方法（见图 3-10）进行模拟试验。

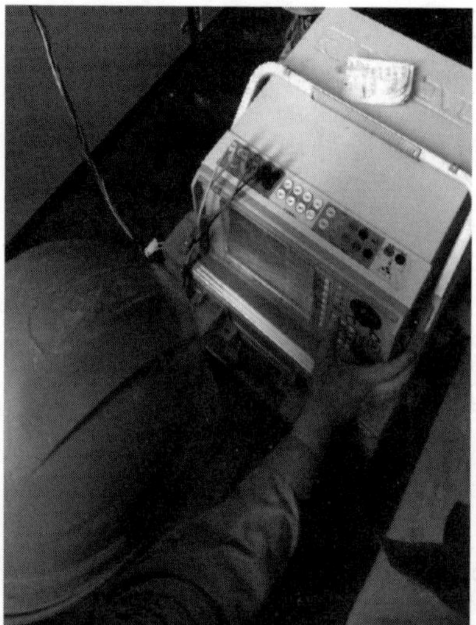

图 3-9 电流电压试验接线

图 3-10 错误案例短接线

传动或整组试验后不得在二次设备及回路上进行拆接或改动工作，否则应重做相应的试验。

出口中间继电器的动作电压不应太低，不宜低于直流额定电压50%，但也应满足80%额定电压的整组试验。

五、试验终结的安全防护

现场工作结束前，工作负责人应会同工作人员检查检验记录。确认检验无漏试项目，试验数据完整，检验结论正确后，才能拆除试验接线。

整组带断路器传动试验前，应紧固端子排螺栓（包括接地端子），确保接线接触可靠。

按照继电保护安全措施票“恢复”栏内容，一人操作，工作负责人担任监护人，并逐项记录。原则上安全措施票执行人和恢复人应为同一人。工作负责人应按照继电保护安全措施票，按端子排号再进行一次全面核对，确保接线正确。

复查临时接线全部拆除，断开的接线全部恢复，图纸与实际接线相符，标志正确。安措恢复（见图3-11）前应检查出口中间不在动作状态，检查保护装置不在动作状态。

图3-11 安措恢复划连片

工作结束，全部设备和回路应恢复到工作开始前状态。清理完现场后，工作负责人应向运行人员详细进行现场交代，填写继电保护工作记录簿，主要内容有检验工作内容、整定值变更情况、二次接线变化情况、已经解决问题、设备存在的缺陷、运行注意事项和设备能否投入运行等。经运行人员检查无误后，双方应在继电保护工作记录簿上签字。

工作结束前，应将微机保护装置打印或显示的整定值与最新整定单进行逐项核对。

工作票结束后不应再进行任何工作。

【典型案例】

一、案例一：误短接端子导致220kV主变压器本体重瓦斯跳闸

1. 案例描述

220kV变电站2号主变压器重瓦斯保护发生无故障动作跳闸事件，跳开2号主变压器220、110kV开关（2号主变压器35kV开关检修状态）。

2. 原因分析

检修人员误将2号主变压器非电量重瓦斯保护开入回路端子01、07认为是35kV开关回路端子301、307，将其短接后造成2号主变压器本体重瓦斯保护动作跳闸。

3. 防控措施

（1）严格执行继电保护装置及二次回路检修、运行管理等有关规程制度，规范二次现场各类工作行为。

（2）细化标准化作业流程，规范短接线的使用要求，严禁用短接线进行整组传动试验。

二、案例二：误入带电间隔造成220kV运行主变压器本体重瓦斯跳闸

1. 案例描述

现场3号主变压器及三侧开关C检，2号主变压器无故障本体重瓦斯跳闸。

2. 原因分析

现场保护人员途经2号主变压器时误认为是3号主变压器间隔，并通过本体爬梯（2号主变压器爬梯未上锁）爬上主变压器本体进行非电量保护传动，导致2号主变压器重瓦斯保护动作，主变压器三侧开关跳闸。

3. 防控措施

（1）强化现场一、二次工作交界面分工，明确在类似工作中各专业的职责和具体分工，确保工作安全无盲点。畅通现场各专业之间的协调沟通

管道，防范各类因交叉作业引起的安全风险。

（2）预先开展危险点分析并制定预控措施，严禁在无监护情况下擅自进行工作。

三、案例三：主变压器电流回路两点接地造成差动保护动作

1. 案例描述

500kV 变电站 4 号主变压器 220kV 开关检修状态，进行 4 号主变压器 220kV 副母Ⅱ段闸刀检修及主变压器 220kV 间隔维护等工作。在进行 4 号主变压器 220kV 电流互感器维护时 4 号主变压器第一套保护动作，LOCK-OUT 出口动作，4 号主变压器跳闸。

2. 原因分析

经检查 B 相故障电流 0.12A，持续时间 280ms，故障前后各侧电压正常。后确认原因为现场一次作业人员在开展主变压器 220kV 电流互感器本体 B 相接线盒内螺栓紧固时，使用无绝缘防护的金属扳手将 1S1（B521）接线柱与外壳连通，由于主变压器保护电流回路 N 相在保护屏上正常接地，造成形成两点接地，如图 3-12 所示。其电流回路电缆大约 200m，变电站内感应电和两接地点间不同的地电位产生一定的电位差，在极小的回路电阻时，回路中产生接地电流，电流流入保护后引起分侧差动保护动作。

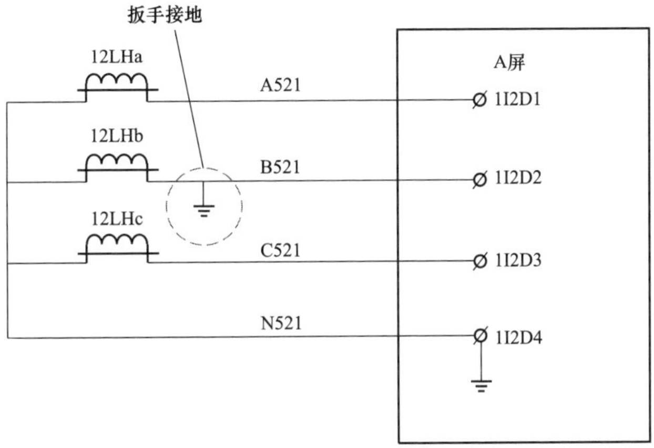

图 3-12　主变压器保护电流回路两点接地图

3. 防控措施

（1）全面梳理非常规运行方式下检修作业存在的风险，落实风险管控措施。针对现场未设置大电流端子的情况，明确工作票签发要求，进一步完善作业指导卡，确保在电流互感器一次检修作业开始前由检修人员事先做好电流回路安措隔离。

（2）进一步加强现场安全监督。加强外包（外委）作业现场三级安全监督，防止使用不合格的工器具，督促作业人员严格按照作业流程执行。

四、案例四：220kV线路区外故障导致保护误动

1. 案例描述

线路区外故障时第二套差动保护误动。

2. 原因分析

现场试验结束后，试验人员未取下电流回路端子排上的短接片，造成线路区外故障保护误动。

3. 防控措施

（1）严格执行继电保护装置及二次回路检修、运行管理等有关规程制度，规范二次现场各类工作行为。

（2）严格执行标准化作业流程。

任务六 事 故 处 理

》【任务描述】 电力生产过程中，由于受不可抗拒的外力破坏，除了常规的二次设备安装调试工作外，占据大部分时间的就是事故处理，其中包括二次设备的异常处理、缺陷处理及事故抢修。突发情况所要面临的危险点更为严峻，因此在事故处理过程中的安全防护尤为重要。

》【知识要点】

事故处理主要包括异常处理、缺陷处理两大类，以二次回路上的问题居多，其中缺陷处理主要涉及的断线、短路、接地。

【技能要领】

一、异常处理的安全防护

（一）异常处理的一般要求

只有解除出口压板及相关回路，停用相关保护，断开直流电源后，才允许对装置进行处理。

对于拒动事故，必须先用高内阻电压表确认跳合闸回路确实良好后，方可将跳闸压板取下。拆动其他回路之前，也应遵循这一原则。

对距离保护误动事故，应先测定电压回路正常，检查 N600 可靠接地后，方可拆动电压回路接线。

对于可能因继电器机械部分原因造成的保护拒动，应先按实际回路的动作顺序进行检验，不得盲目打开继电器外壳用手触动继电器。

（二）查找异常及故障时应注意的问题和查找的一般步骤

（1）感官检查法。感官检查法就是利用人的感官眼看、耳听、手摸、鼻闻，检查电气设备故障，常采取顺藤摸瓜的检查方式找到故障原因及所在部位，是最简单、最常用的一种方式。

（2）分割法（拉路试验法）。分割法是把电气相连的有关部分进行切割分区，逐步将有故障的部位与正常的部位分离开，准确查出具体故障点的方法。

（3）回路分析法。根据电气设备的工作原理、控制原理和控制回路，结合感官，初步论断设备的故障原因，确定故障范围的方法，分析时从主电路入手，再依次分析各个控制回路及其辅助回路。

（4）仪器、仪表测量法。仪器测量法是利用仪器设备对某些电量的大小进行测量，并与正常的数值比较后，确定故障原因。

（5）再现故障法。再现故障法就是接通电源，操作控制开关或按钮，让故障现象再次出现，以找出故障点所在部位。

（6）断电复位法。自动装置本身是由各种电子元件组成的整体，加之装置长时间带电运行，常引起元器件工作不稳定，容易受到电气干扰、热稳定等因素的影响而发生各种偶发性故障，如微机保护装置死机、自检程序出错等。

（7）整组试验法。运用整组试验方法的主要目的是检查继电保护装置的逻辑功能是否正常，动作时间是否正常。整组试验的方法可以用很短的时间再现其故障、并判明问题的根源。在进行整组试验时输入适量的模拟量、开关量使保护装置动作，如果动作关系出现异常再结合上述逆序检查法去寻找故障点。

1. 查找二次回路异常及故障时应注意的问题

（1）必须遵照符合实际的图纸进行工作，拆动二次回路接线端子，应先核对图纸及端子标号，做好记录和明显的标记，以便恢复。及时恢复所拆接线，并应核对无误，检查接触是否良好。

（2）需停用有关保护和自动装置时，应首先取得相应调度的同意。

（3）在交流二次回路查找异常及故障时，要防止电流互感器二次开路，防止电压互感器二次短路；在直流二次回路查找异常及故障时，在直流防止直流回路短路、接地。

（4）在电压互感器二次回路上查找异常时，必须考虑对保护及自动装置的影响，防止因失去交流电压而误动或拒动。

（5）查找过程中需使用高内阻的电压表或万用表电压挡。

2. 查找二次回路异常及故障的一般步骤

（1）掌握异常现状，弄清异常原因。

（2）根据异常现象和图纸进行分析，确定可能发生异常的元件、回路。

（3）确定检查的顺序。结合经验，判断发生故障可能性较大的部分，对这部分首先进行检查。

（4）采取正确的检查方法，查找发生异常的元件、回路。

（5）对发生异常及故障的元件、回路进行处理。

二、缺陷处理的安全防护

（一）缺陷处理的一般要求

设备管理部门应掌握所管范围内的全部设备缺陷，并按照设备缺陷的紧急程度合理安排消缺，原则上紧急缺陷的消除不超过 24h；重要缺陷的消除周期视设备缺陷情况而定，但不得超过一个月；一般缺陷的消除周期不超过一个检修周期。

缺陷处理单位应根据缺陷单填报的内容，及时与运行单位进行联系，了解缺陷的内容、部位，分析可能产生的原因，准备合适的备品备件，安排适合缺陷处理的停电方式等。

缺陷处理过程中凡涉及零部件、继电器等的更换以及二次回路的修改，应做好相应的功能及传动试验。

（二）查找缺陷及故障的一般方法

1. 查找断线时的方法

（1）测导通法。测导通法是用万用表的欧姆挡测量电阻的方法查找断点。二次回路发生断线时，测导通法查找回路的断点是有效、准确的方法，但这种方法在实际使用中存在着一些障碍。测导通法只能测量不带电的元件和回路，对于带电的回路需要断开电源，首先，可能会使运行中的设备失去交流二次电压或直流电源；其次，在某些情况下，继电器等元件失磁变位后，接触不良故障可能暂时性自行消失。因此，对于运行中的带电回路，查找断线时一般不采取这种方法。

（2）测电压降法。测电压降法是用万用表的电压挡，测回路中各元件上电压降。与测导通法相比，测电压降法适用于带电回路。通过测量回路中各点电压差，判断断点的位置。如果回路中只有一个断点，那么断点两端电压差应等于额定电压；如果回路中有两个或以上的断点，那么相隔最远两个断点的两端的电压差等于直流额定电压。

（3）测对地电位法。测对地电位法是通过测量回路中各点对地电位，并与分析结果进行比较，通过比较查找断点的方法。测对地电位法与测电压降法同样适用于带电的回路。在直流回路中，如果只存在一个断点时，断点的正电源侧各点对地电位与正电源对地电位一致，负电源侧各点对地电位与负电源对地电位一致；当回路中存在多个断点时，离正电源最近的断点与正电源间各点对地电位与正电源对地电位一致，离负电源最近的断点与负电源间各点对地电位与负电源对地电位一致。

2. 查找短路的一般方法

（1）外部观察和检查。检查回路及相关设备、元件有无冒烟、烧伤痕迹或者继电器接点烧伤情况。冒烟的线圈或烧伤的元件可能发生了短路。如果有烧伤的触点，那么触点所控制的部分可能存在短路。同时，要检查回路中端子排及各元件的接线端子等回路中裸露的部位，看是否有明显的相碰、是否有异物短接或者裸露部分是否碰及金属外壳等。在烧伤触点所控制的回路检查中，重点检查该回路中各元件的电阻，看该电阻是否变小。

（2）通过测量电阻缩小范围。首先断开回路中的所有分支，然后用万用表的欧姆挡，测量第一分支回路的电阻。若电阻值不是很小，与正常值相差不太大，就可以接入所拆接线，再装上电源熔断器，若不熔断，说明是第一分支回路正常。用相同的方法，依次检查第二、第三分支回路。对于测量电阻值很小的分支回路或试投入时熔断器再次熔断的分支回路，应进一步查明回路中的短路点。

3. 查找直流接地的方法及注意事项

（1）查找直流接地的方法。首先判断是哪一极绝缘降低或接地。当正极对地电压大于负极对地电压时，可判断为负极接地，反之则是正极接地。然后结合直流系统的运行方式、操作情况及气候条件等进行直流接地点的判断。

可采用“拉路”寻找、分段处理的方法进行直流接地点的查找，将整个直流系统分为直流电源部分、信号部分、控制部分。以先信号和照明部分、后操作部分，先室外部分、后室内部分的原则进行查找。在切断运行中的各专用直流回路时，切断时间不得超过 3s，不管回路接地与否均应立即把开关合上。

当直流接地发生在充电设备、蓄电池本身和直流母线上时，用“拉路”的方法可能找不到接地点。当采取环路方式进行直流供电时，如果不将环路断开，也不能找到接地点。另外，也可能造成出现多点接地。进行“拉路”查找时，不能一下全部拉掉所有的接地点，“拉路”后仍然可能存在接地。

对于安装有微机绝缘监察装置的直流系统，可以测量出是正极接地还是负极接地，也可测量出哪个直流支路有接地点。

在判断出接地的极性和直流支路后，可依次断开接地支路接地极上的分支回路，当断开哪个支路后，直流系统电压恢复，可判断为该支路存在接地点，然后再依次断开该支路上的各分支进行判断，直至找到回路中的接地点。

（2）查找直流接地时的注意事项。

1）严禁使用灯泡查找接地点。

2）使用仪表进行检查时，仪表的内阻不应小于 2000Ω/V。

3）当发生直流接地时，禁止在二次回路上工作。

4）在对直流接地故障进行处理时，不能发生直流短路，从而造成另一点的接地。

5）查找和处理直流接地时，必须由两人进行操作。

6）“拉路”前应采取相应的措施，以防因直流失电引起保护装置误动作。

【典型案例】

一、案例一：控制回路断线

1. 案例描述

某变电站 220kV 线路保护控制回路断线，断路器控制回路见图 3-13 所示。

“控制回路断线”光子牌亮，操作箱上 OP 运行灯熄灭，线路间隔在正常运行过程中出现“控制回路断线”信号，这表示各类保护装置对该间隔所发出的分闸指令都不能得以执行，线路故障时故障点不能有效隔离，将导致越级跳闸扩大事故范围，由于需要较长时间切除故障对电网的稳定运行造成极大威胁。

2. 原因分析

一般来说引起控制回路断线的原因主要有：

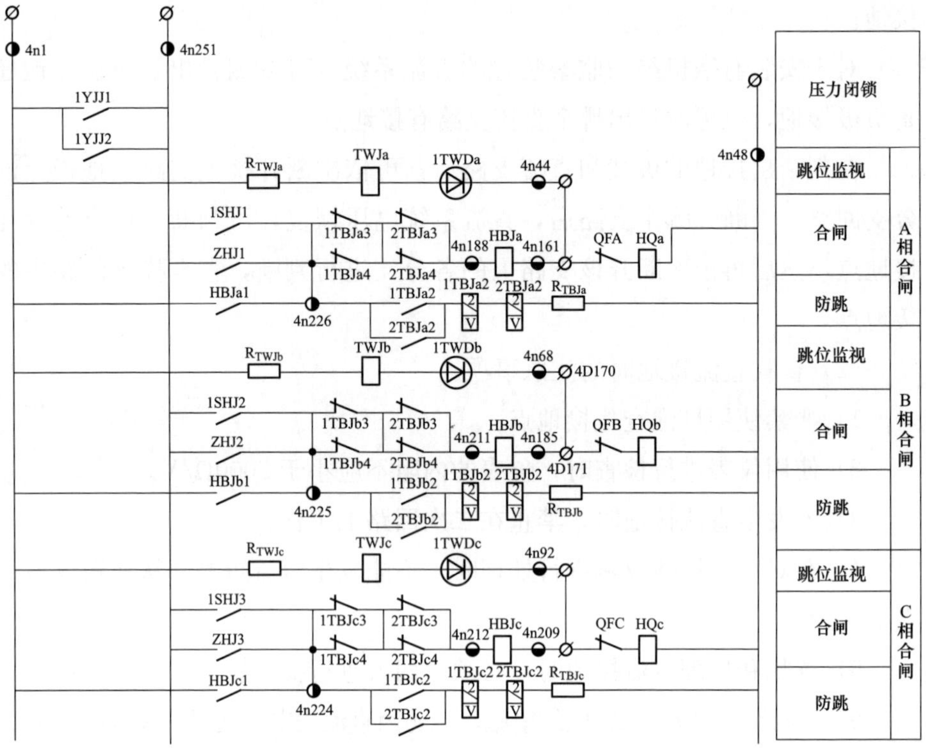

图 3-13 断路器控制回路图

（1）控制直流电源空开跳开或熔丝熔断导致控制电源失去。

（2）SF_6 压力降低至闭锁值。

（3）液压机构压力降低至闭锁值。

（4）用于串接发信的跳合闸位置继电器误动。

具体处理方法如下：

1）检查线路保护屏直流电源空开是否跳开或熔丝是否熔断，如果是，可以试合一次空气开关或更换相应规格的熔丝，测量端子排上＋KM 之间电压是否正常，以定性直流电源输入是否良好。

2）后台检查是否有“SF_6 压力闭锁”光字牌，现场检查开关 SF_6 压力是否底至闭锁值。

3）后台检查是否有“油压闭锁”“开关分合闸闭锁”等光字牌，现场检查开关液压储能机构压力是否底至闭锁值。

4）如果上述检查项目都正常，则可能是保护误发信，重点检查开关操作箱装置内是否有放电声、是否有烧焦气味。

3. 防控措施

（1）由于相关缺陷在处理时一次设备多在运行，要严防误跳运行开关，查找缺陷时禁止使用万用表电阻挡测量直流电压，特别是用电阻挡测量操作箱的跳闸回路。防止误碰跳合闸端子，而误跳运行开关。

（2）检查直流电压回路时，注意力集中，严防误碰使直流电压接地或短路。

（3）停开关后，检验操作箱继电器好坏时，缓慢施加电压，以防烧坏继电器。

（4）禁止带电插拔保护及操作箱插件。

二、案例二：主变压器 TV 断线

1. 案例描述

（1）“TV 断线”光字牌亮。

（2）保护装置上“装置异常灯”“TV 断线灯”亮，液晶显示 TV 断线。

（3）主变压器保护在正常运行过程中出现“TV 断线”表示保护所采样到的电压量缺相或三相消失，由于主变压器保护中的后备保护方向元件要利用电压量，TV 断线将导致电压闭锁开放，方向元件退出变成纯过电流保护，增加了误动的可能性。该主变压器三侧交流电压回路如图 3-14 所示。

2. 原因分析

一般来说引起 TV 断线的原因主要有：

（1）保护屏后的交流电压空气开关跳开。

（2）闸刀辅助触点接触不好无法使电压切换继电器励磁。

（3）保护的模数转换插件故障无法产生数字量。

现场检查处理可按如下步骤进行：

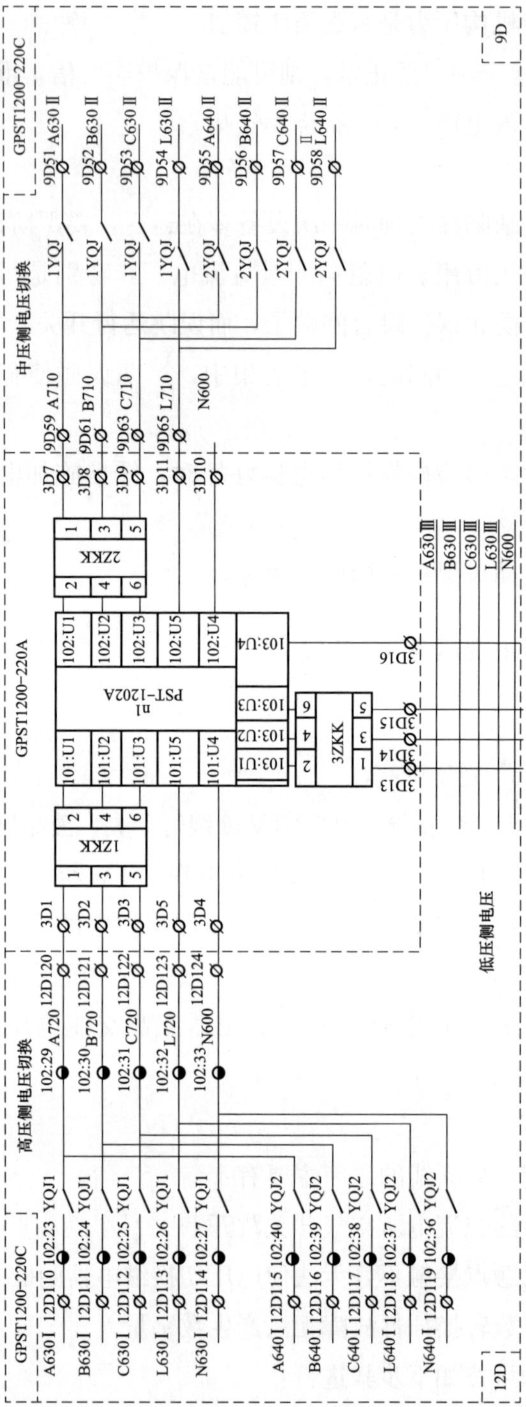

图3-14 交流电压回路示意

(1) 检查线路保护屏的交流电压空气开关是否跳开，如果是，可以试合一次空气开关，测量端子排上交流电压是否正常，以定性交流电压输入是否良好。

(2) 检查操作箱上 L1、L2 切换指示灯是否全熄灭。

(3) 检查主变压器保护装置内是否有放电声，是否有烧焦气味，如有应立即拉开保护装置电源开关。

3. 防控措施

(1) 主变压器某一侧或几侧二次电压回路单相或几相断线。

1) 先检查外观，检查主变压器保护屏的 TV 断线对应侧交流电压空气开关是否跳开，如果是，可以试合次空气开关，测量端子排上 UAI、UBI、UCI、UAII、UBII、UCII 端子电压是否正常，定性交流电压输入是否良好。查看保护面板内交流电压采样是否正常，保护装置上“装置异常灯”“TV 断线灯”亮，液晶显示 TV 断线等情况是否消失，后台“TV 断线”光字牌亮是否消失。

2) 查回路，以高、中压侧均为双母线系统分析，至主变压器保护装置的高、中压侧三相交流采样电压均由各自电压小母线引至对应侧开关操作箱所在屏内的端子排，再经过本操作箱内的电压切换继电器，切换出来后到引至端子排，经过屏内的交流电压空气开关后，再到主变压器保护装置。查回路时可以从这些具体路径入手，依次测量回路中电压是否正常。检查回路中线头是否松动，连接是否可靠，有无烧焦发黑或熔断现象。

3) 在检查回路中，如发现为正常电压经操作箱内的电压切换继电器切换后，电压不正常。先检查操作箱上 L1、L2 闸刀切换指示灯是否符合一次闸刀状态，如 L1、L2 切换指示灯全熄灭或与一次闸刀状态不对应，则检查闸刀切换回路（此处不作展开）。如 L1、L2 切换指示灯与此闸刀状态对应，则需停用相应开关。重新办理工作许可手续后，检查操作箱内电压切换继电器，及时更换合格操作箱电压切换插件。

(2) 主变压器保护装置内部问题。除以上情况外，则怀疑为保护装置采样插件问题或保护装置 CPU 插件问题，建议更换相应插件问题。更换前核对备品插件型号及更换CPU芯片，并记录相关保护数据。

（3）主变压器某一侧或几侧电压小母线不正常运行（或该侧母线失电）。如果检查相应主变压器各侧输入交流电压采样的异常情况与测控显示输入交流电压采样相符。且其他保护（线路保护等）也相应报“TV断线”，则可认为主变压器“TV断线”侧电压小母线不正常运行（或该侧母线失电），检查相应母线二次电压回路。

4. 注意事项

（1）核查“TV断线”现象为个性问题，在处理时要严格防止主变压器各侧电压小母线失电，即电压小母线短路或接地。使用万用表时确保在电压交流挡。

（2）工作中也要严防误碰运行端子，防止误跳运行开关。

（3）检查保护屏后闸刀辅助触点端子时，严防直流回路接地。

（4）禁止带电插拔保护及操作箱插件。

（5）停开关后，检验操作箱继电器好坏时，应缓慢施加电压，以防烧坏继电器。

任务七 验收及交底

【任务描述】 本任务主要讲解继电保护设备质量验收的具体规范。通过介绍，掌握验收要点，达到规范验收的目的。

【知识要点】

验收工作应严格按照验收规范的要求，做好相关安全措施后进行。验收工作结束后，全部设备及回路应恢复到初始状态。

交底注意事项：

（1）工作负责人应向运行人员详细进行现场交底，并将其记入二次工作记录簿，主要内容有整定变更、版本变更、二次接线更改、已经解决及未解决的问题及缺陷、运行注意事项和设备能否投入运行等。

（2）施工单位应做好图纸资料、备品备件和专用工器具的移交工作。

（3）经运行人员检查无误后，双方应在检修试验工作记录簿上签字。

【技能要领】

继电保护的验收主要包含以下几个方面：

（1）图纸资料、试验报告及备品备件的验收。

（2）安装与工艺验收。通常涉及对环境要求、屏柜箱体、二次电缆和光缆、芯线标准和接线规范、端子排、标识标牌、屏蔽与接地等检查。

（3）二次回路验收。通常涉及直流回路、交流电流回路、交流电压回路、断路器隔离开关及相关二次回路、纵联保护通道、其他重点回路等检查。

（4）继电保护及相关装置、系统的验收。

（5）整组传动试验。

变电站继电保护验收报告见表 3-2。

表 3-2　　变电站继电保护验收报告

工程名称：

一、验收内容
1. 资料及试验报告验收情况：
2. 二次回路验收情况：
3. 装置验收情况：
4. 整组传动情况：
5. 各保护软件版本、TA 变比情况：
二、存在问题及整改要求：

续表

三、验收结论：
验收负责人签名： 年 月 日

【典型案例】

一、案例一：二次回路端子松动造成开关拒分

1. 案例描述

220kV 变电站 110kV 出线故障，线路保护动作，但断路器未跳闸。1 号主变压器第一套、第二套保护中压侧后备保护动作，先后跳开 110kV 母联开关和 1 号主变压器 110kV 开关。

2. 原因分析

现场检查时，检修人员对 110kV 线路保护进行了 10 次开关传动试验，其中 2 次试验中，保护动作后跳闸线圈监测显示未接收到正电位，线路断路器未分闸。因装置未报控制回路断线等异常告警，且 1D113 端子负电位正常，确定故障点在保护装置正电源与 1D113 端子之间。对跳闸插件背板端子进行检查紧固后，后续保护传动试验均正确。

3. 防控措施

工作负责人在变电站综合检修工作中应严格把关，规范现场作业行为，严格按继电保护作业指导书要求执行检修作业，严防类似保护装置背板接线等保护检修死角存在。

二、案例二：二次电压回路端子松动导致保护拒动

1. 案例描述

220kV 变电站 110kV 线路遭雷击 A 相接地故障，保护动作出口，开关

未跳开，1 号主变压器后备保护动作后，引起 2 号主变压器中性点零序电压升高，2 号主变压器第二套保护 110kV 侧间隙零序过电压动作跳开主变压器三侧开关，第一套保护拒动。

2. 原因分析

110kV 线路遭雷击 A 相故障，保护动作，断路器未跳开。零序故障电流持续存在，2.4s 后，1 号主变压器 110kV 零序方向过电流 1 时限动作跳开 110kV 1 号母分开关。110kV 1 号母分开关分闸后，2 号主变压器 110kV 侧中性点接地失去，导致 2 号主变压器 110kV 侧零序电流消失，2 号主变压器 110kV 侧零序方向过流保护启动返回；且单相接地故障点仍存在，致使 2 号主变压器中性点零序电压升高（$3U_0$ 为 209.46V），0.5s 后，2 号主变压器第二套保护 110kV 侧间隙零序过压动作跳开主变压器三侧开关。2 号主变压器第一套保护接入的开口三角零序电压端子松动（TV 断线），导致第一套保护间隙零序电压保护拒动。

3. 防控措施

工作负责人在变电站综合检修工作中应严格把关，规范现场作业行为，严格按继电保护作业指导书要求执行检修作业。设备检修后，各端子螺栓务必拧紧，避免导致回路开路或短路。

三、案例三：线路工频变化量距离保护区外故障误动

1. 案例描述

220kV 母线故障，线路第二套工频变化量距离保护动作，本侧保护停信，随后两侧保护动作出口，断路器跳开。

2. 原因分析

经检查 220kV 电压分屏侧接至线路第二套保护屏的 N600 回路误接入副母母线零序电压 L640 回路。当系统发生单相接地故障时，由于零序电压进入线路保护母线电压 N600 回路，造成 N600 电压抬高，A、B、C 相电压均瞬时抬高至 150V 左右，使判断电压的工频变化量距离继电器 $|\Delta U_{OP}|>U_Z$ 条件满足，从而造成工频变化量距离保护动作。

3. 防控措施

（1）加强基建工程施工质量管理，严格按图施工，落实接线人员责任，建立接线质量复查制度，加强施工单位三级验收，特别是隐蔽工程的自验收。

（2）加强施工过程中的技术监督工作，提高验收质量，严格按照验收大纲要求验收，保证充足的验收时间。

任务八 带负荷试验

【任务描述】 本任务主要讲解带负荷试验的必要性及基本方法。

【知识要点】

新安装的二次设备，或相关一次设备和二次回路变动后，均应按检验规程进行带负荷试验，并保证足够的负荷电流，检验其交流回路接线的正确性。试验前应进行危险点分析和预控，试验过程应严防电流回路开路和电压回路短路或接地。

【技能要领】

带负荷试验时应密切关注一次系统潮流的变化，所用试验设备应有足够的灵敏度。带负荷试验时发现异常情况，应立即停止工作，查明原因，必要时向上级主管部门汇报。

要检查母差保护主接线显示状态（隔离开关重动继电器的位置）与一次设备状态一致。

应详细记录带负荷试验的数据，并进行分析和判断，做出正确结论。

（1）严格执行工作票制度，工作许可制度、工作监护制度在做好各种安全措施后，方可进行工作。

（2）试验前工作人员应熟悉相关的图纸，本带负荷试验方案及试验方法，认真进行“三交三查”，试验项目不能遗漏，认真做好记录。

（3）在试验过程中严防 TA 开路，TV 短路，在做完试验后判断为正确的情况下恢复接线，不留任何疑点。

（4）严防走错间隔，误碰其他运行设备。与带电部位保持足够的安全距离，220kV 大于 3m；110kV 大于 1.5m；35kV 大于 1m。

（5）在试验过程中若发现问题应及时与有关技术人员联系，分析解决。遇到需要停运一次设备的及时与调度人员联系，在做好安全措施后，并经许可方可进行工作。

（6）在试验前，应注意相关压板的运行情况，必要时经许可停用有关保护，以防在试验过程中误跳开关。

（7）加强与调度人员、操作人员的联系、协调。

（8）试验完毕后，工作负责人必须在值班检修记录本上记录相关内容，试验结果或存在的问题，投运后应注意的有关事项，并向值班人员进行投运前的技术交底。

（9）危险点分析和防范措施见表 3-3。

表 3-3　　危险点分析和防范措施

序号	危险点	存在的危险	防范措施	工作地点
1	220、110、35kV 线路、主变压器、电容器等保护带负荷试验	（1）TA 回路开路； （2）TV 回路短路； （3）保护误碰、误动	投运前检查 TA 回路，防止接线松动，确保不开路。试验过程中不硬扯电流线，停用差动保护、低电压保护	220、110、35kV 线路、主变压器、电容器保护屏
2	各母设回路试验检查	TV 回路短路或接地	试验前检查核对 TV 回路正确不短路。相应母线空气开关在合位，熔丝完好，测量仪表量程、挡位正确	各母设并列屏
3	新设备冲击	冲击设备异常	冲击前与冲击设备保持足够的安全距离。待冲击设备稳定后再进行设备监听和检查。冲击设备检查异常及时汇报启动指挥，采取措施。更改相应保护定值	220、110、35kV 设备等周围
4	误接令	误入运行间隔，误碰运行设备	保持工作场所安静有序，设专门的接令人协调现场工作，每项工作均应使用工作票，按工作票内容检查核对安全措施是否符合工作票要求，严禁超范围工作，加强监护	主控室及相应工作场所

续表

序号	危险点	存在的危险	防范措施	工作地点
5	工作界限不清楚	试验漏项、重复	工作前应认真阅读投产起动方案，与相关方确认工作内容	
6	技术服务厂家人员	误碰、误动	若需技术服务厂家人员参与处理问题，须在本公司工作负责人许可监护下工作，不宜直接参加与控制回路有关的工作	当地后台
7	备用电源自动投入	接入量不正确造成误动	检查电流、电压回路及相关开关量、闭锁量正确无误，相关压板投退正确	继保室

【典型案例】

案例：某变电站110kV东横1624线路备用电源自动投入带负荷试验方案

1. 工程概述

本工程为220kV某变电所的配套工程，即将110kV石横1436线上的备用电源自动投入装置移至110kV东横1624线。工作已完成，为确保二次回路的正确完整，需要做带负荷试验，故编写本方案。

2. 运行方式

（1）110kV石横1436线开关及线路运行，110kV东横1624线开关热备用、线路运行，110kV母分开关运行。

（2）停用110kV东横1624线路备用电源自动投入装置。

（3）110kV东横1624线路备用电源自动投入装置带负荷：

1）电压核相见表3-4。

表3-4　　电压核相

中继屏 110kV BZT屏	A711	B711	C711	A712	B712	C712	N600
A711	V	V	V	V	V	V	V
B711	V	V	V	V	V	V	V
C711	V	V	V	V	V	V	V
A604（东横）	V	V	V	V	V	V	V
N600	V	V	V	V	V	V	V

2）110kV 石横 1436 线电流引入回路 TA 变比及相位见表 3-5。

表 3-5 电流引入回路 TA 变比及相位

TA 变比	I_1/I_2

3）电流变比测试见表 3-6。

表 3-6 电流变比测试

IB412	IB413
A	A

要求：计算核对保护用 TA 变比正确。

4）电流相序测试见表 3-7。

表 3-7 电流相序测试

UA711—IB412	UB711—IB412	UC711—IB412

要求：根据向量图确定其相序应为正序。

（4）在保护装置上显示记录见表 3-8。

表 3-8 保护装置上的显示记录

相别	I_1(A)	U_{ab1}(V)	U_{bc1}(V)	U_{ca1}(V)
采样值显示（保护）				
	U_{x1}	V_{1AB}(°)	V_{1BC}(°)	V_{1CA}(°)

（5）石横 1436 保护装置电流回路采样显示见表 3-9。

表 3-9 保护装置电流回路采样显示

相别	I_A	I_B	I_C
采样值显示（保护）			

3. 安全技术措施及注意事项

（1）严格执行《电力安全工作规程》及《继电保护现场保安规程》。

（2）严格执行工作票制度，严禁无票工作。

（3）加强工作中的安全监护，要使每位工作班成员明确任务和安全注意事项。

（4）装置在带负荷试验中要影响到装置出口的应做好相应的安全措施后，并经当值值班员许可后再进行试验。

（5）工作中严禁 TA 二次开路，TV 二次短路；在带电的 TA、TV 二次回路上工作必须做好必要的安全措施和加强监护。

（6）工作中发现装置异常及数据有疑问，必须及时与上级主管部门取得联系，加以处理。

4. 试验结果及最后的检查、记录

（1）试验结果及存在的问题见表 3-10。

表 3-10　　试验结果及存在的问题

试验结论	
存在问题	

（2）使用仪器仪表、试验人员、审核人员和试验日期见表 3-11。

表 3-11　　使用仪器仪表、试验人员、审核人员和试验日期

仪器仪表名称	型号	编号	仪表名称	型号	编号
专职工程师审核	班技术员审查	工作负责人	工作班成员		试验日期

项目四

智能变电站保护设备安全防范技术

【项目描述】 本项目包含智能变电站结构与调试工作的讲解、常用智能变电站二次安防工具的使用方法及智能变电站二次安防技术实施原则等内容。通过概念描述、结构介绍、原理分析、图解示意、案例分析的方法，了解智能变电站的结构特点；熟悉智能站二次安防技术的工作流程；掌握智能站二次安防技术实施方法。

任务一 智能变电站及其检修调试工作

【任务描述】 本任务主要讲解智能变电站的结构体系及检修调试工作的规程与实施流程。通过概念讲述、结构介绍等方式，对智能变电站及其检修工作进行剖析，掌握智能变电站检修工作的规程与流程

【知识要点】

一、智能变电站体系结构

目前，国内智能变电站典型的网络结构为“三层两网”形式，如图 4-1 所示。

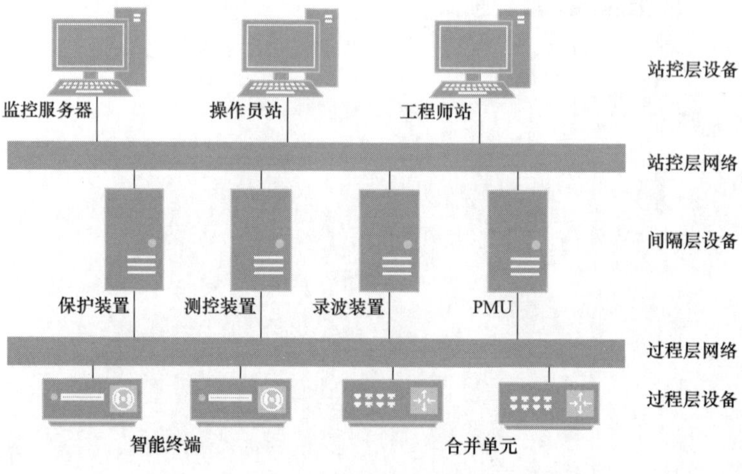

图 4-1 智能变电所“三层两网”典型结构

1. 三层

智能变电站可分为“过程层、间隔层、站控层”三层。

过程层主要由一次设备、合并单元与智能终端等装置组成，其主要是实现变电站的电能分配、变换与传输以及相应的测量、控制、保护、计量、与状态检测等功能。间隔层是指继保装置、测控装置以及各种自动装置，其主要使用间隔数据实现各种功能，如实现远方输入、输出、保护、控制与通信等。站控层包含站域控制系统、通信系统、对时系统等子系统，主要用于对全站各个设备的进行测量、控制，实现操作闭锁以及同步相量采集、监视控制（SCADA）、电能采集等功能。

2. 两网

变电站网络主要包括站控层网络以及过程层网络。目前变电站通讯以高速工业以太网组成。其中，站控层网络连接间隔层设备和站控层设备，实现站控层内部与站控层、间隔层之间的数据传输；过程层网络连接间隔层设备和过程层设备，实现间隔层设备与过程层设备之间的数据传输以及间隔层设备之间的通信。

二、智能变电站调试检修规程

为保障智能变电站检修与调试工作的安全规范，国家电网公司结合实际工程经验，编写了《智能变电站调试规范》（Q/GDW 689—2012）。

Q/GDW 689—2012 提出了智能变电站调试流程和调试的具体方法和要求，包括计算机监控系统、继电保护设备、故障录波器、变压器与开关设备及其状态监测、电子式互感器等智能电子设备或系统的输入、输出信息的正确性等。

Q/GDW 689—2012 适用范围：

（1）规定了智能变电站的调试流程、内容和要求。

（2）适用于 110（66）～750kV 电压等级智能变电站基建调试。

同时，为规范智能变电站建设、改造现场的二次系统调试工作流程，提高现场调试工作的专业性、标准化和可操作性，利于调试安全、工程验收和运维交接，《智能变电站二次系统标准现场调试规范》（Q/GDW 11145—2014）于2014年12月31日发布。

Q/GDW 1145—2014面向智能变电站现场调试过程控制，根据智能变电站技术要求与调试管理需要，规范调试流程、管理作业节点、控制工作质量、满足技术指标要求。

Q/GDW 1145—2014规定了智能变电站二次系统的现场调试作业过程及要求，包括总体要求、调试过程控制、调试作业准备、单体设备调试、分系统功能调试、系统联调、送电试验和调试质量等。

Q/GDW 1145—2014适用于110（66）～750kV智能变电站建设、智能化改造工程的现场调试工作。智能电子设备运行检修，可参照本标准的相应要求与措施执行。

【技能要领】

智能变电站调试检修项目与流程见图4-2。

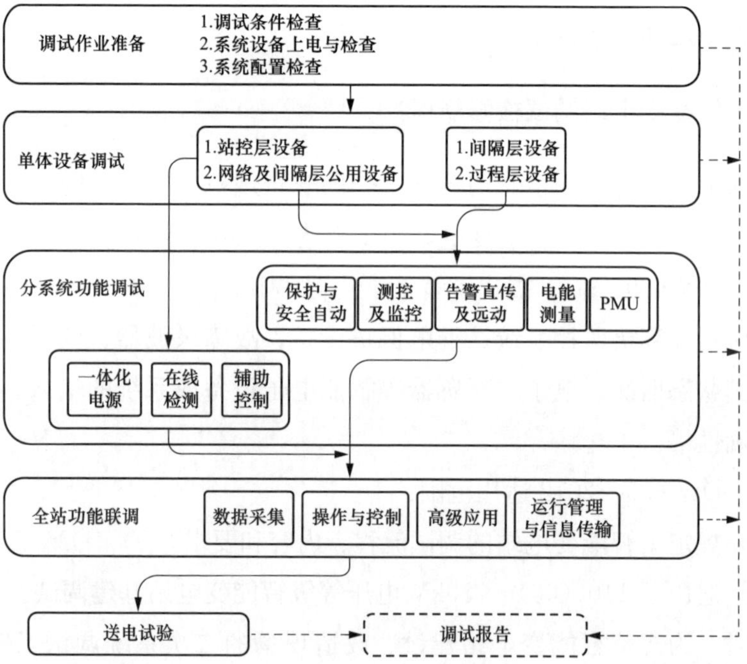

图4-2 智能变电站调试流程

智能变电站的调试检修工作可分为系统配置、系统测试、系统动模、单体设备调试、分系统功能调试、全站功能联调、送电试验和编制调试报告。智能变电站新建及扩建时需要完成以上所有调试检修项目，并按照系统配置-系统测试-系统动模-现场调试-投产试验标准化流程分步骤进行。而定期检修时，系统配置、系统测试、系统动模可作为检查项不再进行调试，如图 4-2 所示。

任务二　智能变电站二次安全防范工具使用方法

≫【任务描述】 本任务主要讲解智能变电站二次安防常用的工具。通过概念讲述、图片展示的方式，熟悉各种工具的结构与功能，掌握其在智能变电站二次安全防范工作中的使用方法。

≫【知识要点】

随着智能变电站的普及，智能变电站二次安全防范所需工具也得到了快速发展及应用。智能变电站二次安全防范工具可分为智能变电站调试仪器及相关配置软件。常用的智能变电站调试仪器包括数字化继电保护测试仪、手持式光数字信号试验装置、合并单元测试仪、时间测试仪、网络测试仪、网络记录分析仪、光功率计以及电子互感器校验仪。常用的调试软件主要有 SCD 配置软件及图形化查看软件。

≫【技能要领】

一、智能继电保护测试仪使用方法

以昂立 FA 系列智能数模继电保护测试装置为例，它是光数字继电保护校验装置，整合光数字测试和小信号模拟量测试功能，并可外接电流电压功放，配备 12 对独立的光纤以太网接口，可同时收发多路符合 IEC 61850-9-1、IEC 61850-9-2 规范的采样值（SMV）报文和 GOOSE 报文，采样点等间隔输出，满足国家电网有限公司的最新标准。同时，它具有 10 个独立的FT3光纤接口（8个输出、2个输入），可同时输出多路符合IEC 60044-7/8（FT3）规范的采样值（SMV）报文；支持24路独立的SMV通道映射（12U+12I），有效地解决了三卷变差动保护、备用电源自动投入等装置的调试问题，并且可自动侦测光数字信号，实现对SMV、GOOSE信息的自动配置。昂立FA系列具备虚端子测试功能、电压电流相位核对功能、报文录波和报文分析功能，支持光功率测试、MMS通信功能，内置Wi-Fi，可实现用计算机通过无线网络控制测试仪，极大方便现场人员操作。昂立FA系列保护测试仪软件测试功能丰富，能够对线路保护、母线保护、变压器保护、发电机-变压器组保护等各种微机保护装置以及备用电源自动投入等装置进行测试。

1. SCL文件导入

通过直接导入SCL配置文件（＊.icd、＊.cid、＊.scd），可方便快捷地实现SMV及GOOSE的自动配置。

在“IEC-61850配置”界面，点击SCL导入按钮，打开“SCL文件导入”界面，见图4-3。

图4-3 SCL文件导入界面

导入 SCL 配置文件的步骤如下：

（1）点击文件夹按钮，选择所需的模型文件，然后打开该模型文件。

（2）在左侧的 IED 装置列表显示区中，点击所需测试的 IED 装置，展开显示该装置包含的控制块信息（如 SMV 输入/输出、GOOSE 输入/输出），在右侧窗口中将显示各个控制块的详细信息。

（3）进行 SMV 配置，点击“SMV 输入/输出”文件夹，在右侧的控制块列表显示/选择区选中要模拟的 SMV 控制块，根据需要先选择 SMV 协议“61850-9-2”或“FT3（60044-7/8）”，然后点击“添加至 SMV 配置”，即把选中的多个 SMV 控制块添加至 SMV 配置界面（见图 4-4）。

（4）进行 GOOSE 配置，点击“GOOSE 输入/输出”文件夹，在右侧的控制块列表显示/选择区选中要模拟的 GOOSE 控制块，根据需要点击“添加至 GOOSE IN 配置”或“添加至 GOOSE OUT 配置”。

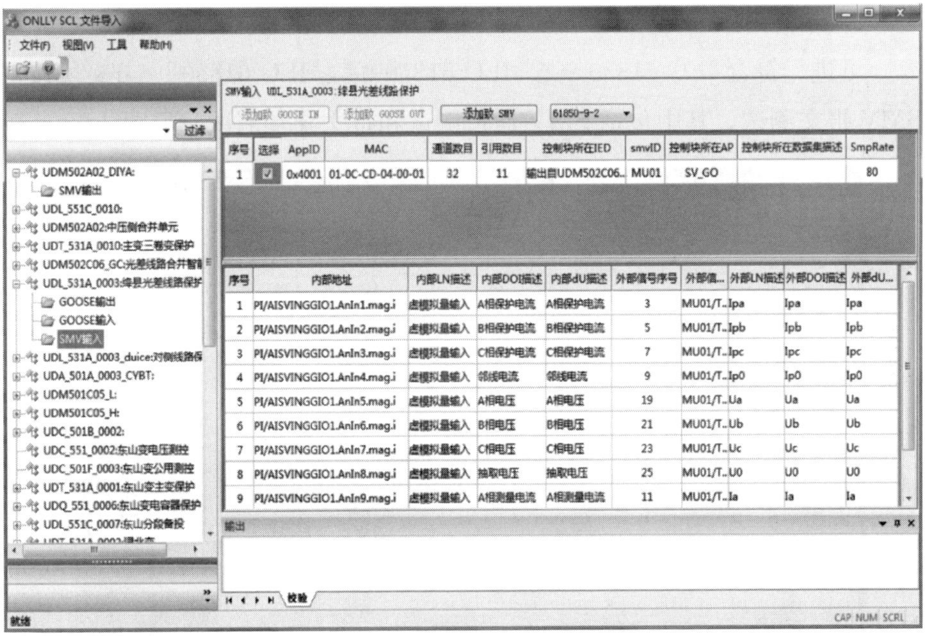

图 4-4　SCL 文件导入——导入 SMV 配置

即把选中的多个 GOOSE 控制块添加至 GOOSE IN 或 GOOSE OUT 配置界面（见图 4-5）。至此，即完成 SMV 及 GOOSE 的自动配置。

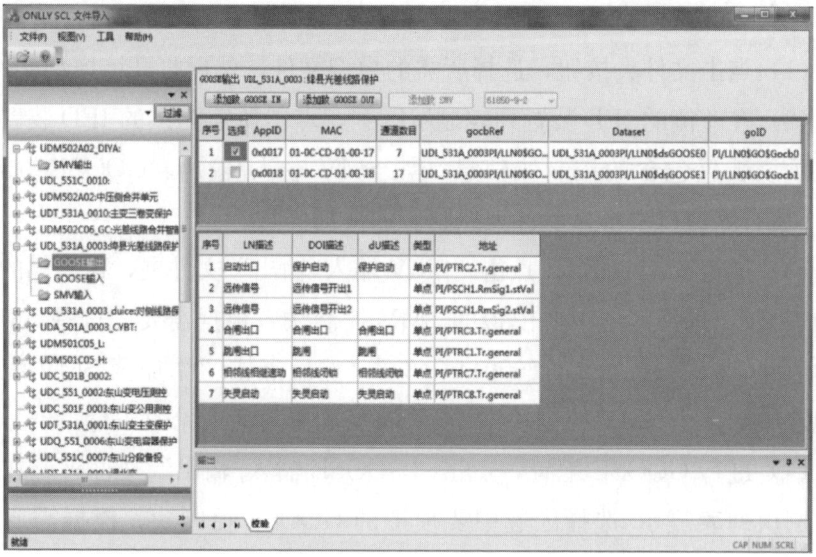

图 4-5 SCL 文件导入——导入 GOOSE 配置

2. SMV 测试

可进行符合 IEC 61850-9-2、IEC 61850-9-1、IEC 61850-9-1-Ex 协议的 SMV 报文测试，其中包括 SMV 通道测试和报文异常测试，见图 4-6。

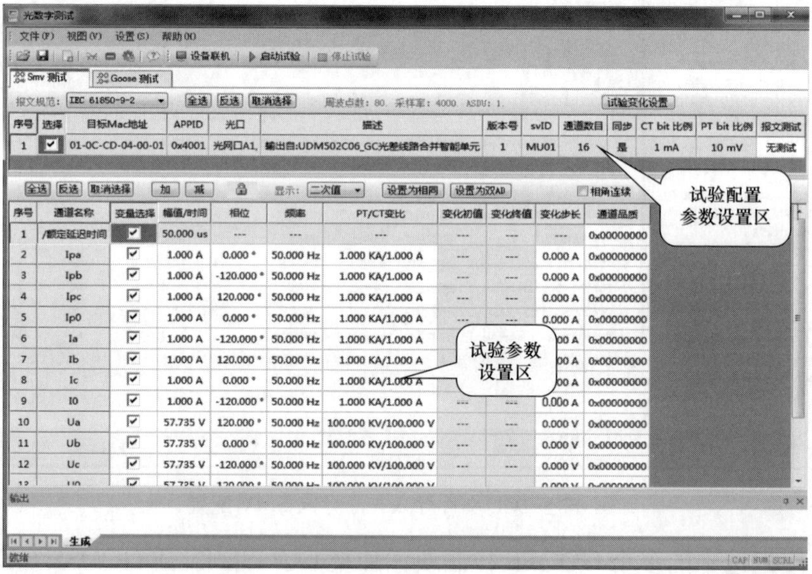

图 4-6 SMV 测试

（1）选择报文规范。点击“报文规范”，根据测试需求选择合适的报文规范。程序提供了 IEC 6185-9-2、IEC 61850-9-1、IEC 61850-9-1-Ex 三种报文规范。

（2）设置试验配置参数。勾选所需测试的 SMV 控制块，界面提供了“全选、反选、取消选择”三种快捷方式。根据测试需求选择是否进行报文测试，默认为无测试。目前可进行序号偏差、丢帧、同步标志、品质、序号跳变、错值、飞点、检修、抖动等报文测试。进行报文测试时，可设置“测试起始帧/点”，默认值为 0。限制次数即为测试次数，若不限制次数，则报文测试一直持续。

（3）设置试验参数。点击“试验变化设置”，根据测试需要，进行试验变化时的参数设置，包括变化的控制块、变量选择及控制方式。具体界面如下：

1）当控制方式设为“手动控制”，根据需要设置每个通道的幅值、相位、频率、TV/TA 变比、变化步长等参数。

2）当控制方式设为“自动控制”，还需设置变化初值、变化终值等参数。

（4）功能操作按钮。

1）全选、反选、取消选择：对变量进行全选、反选、取消选择等操作。

2）加、减：仅当变量的控制方式为“手动控制”时有效，根据变化步长，增加、减小当前变量值。

3）锁定：输出锁定按钮，测试仪将保持当前输出值不变，不处理界面侧参数值的修改，直到解除锁定。当需要同时改变多个变量值时，可先点击该按钮，使输出锁定，然后修改多个变量值，最后再点击该按钮解锁，同时输出多个变量值。

4）设为相同：对同类型的通道（电压或电流），把选中的某一列的参数值设置为相同。

5）设备双 AD：把双 AD 的采样通道的幅值、相位、频率、TV/TA 变比等参数设为相同。

3. GOOSE 测试

GOOSE 测试主要用于进行 GOOSE 虚端子测试和 GOOSE 报文异常测试，见图 4-7。

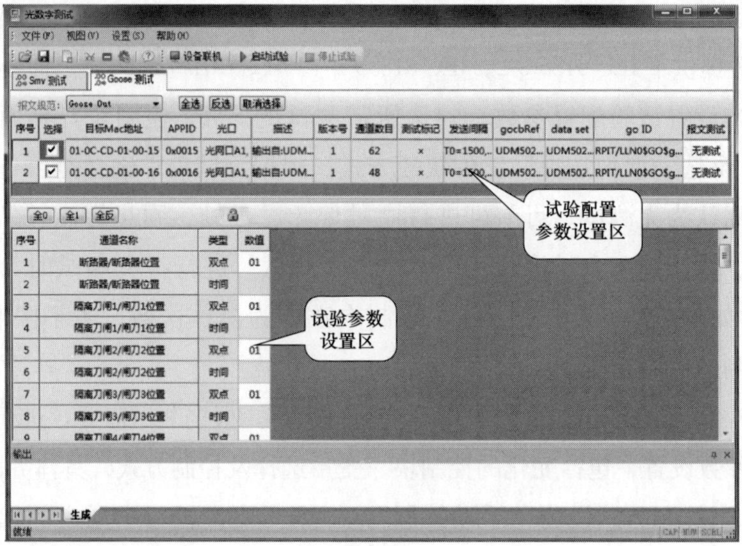

图 4-7　GOOSE 测试

（1）选择报文规范。点击“报文规范”，根据测试需求选择合适的报文规范。目前程序仅提供 GooseOut 报文规范。

（2）设置试验配置参数。勾选所需测试的 Goose 控制块，界面提供了“全选、反选、取消选择”三种快捷方式。根据测试需求选择是否进行报文测试，默认为无测试。目前可进行丢帧、StNum 异常、心跳异常、丢失同步、检修位测试、存活时间（TTL）无效、时间品质测试、SqNum 异常、StNumSqNum 异常测试、StNumSqNum 固定值测试等报文测试。进行报文测试时，可设置“测试起始帧/点”，默认值为 0。限制次数即为测试次数，若不限制次数，则报文测试一直持续。

（3）设置试验参数。在“数值”设置区，根据需要设置每个虚端子的数值。对于单点类型，0 代表 False，1 代表 True。

（4）功能操作按钮。全 1、全 2、全反：当虚端子类型为单点时，可对虚端子的数值进行全 0、全 1、全反等操作。

二、手持调试终端调试方法

智能变电站手持式调试终端支持 SV、GOOSE 发送及接收监测，具有携带、配置、测试方便，效率高，易于实现跨间隔移动检修及遥信、遥测对点等诸多优点，一般采用锂电池供电，工作时间长，非常适合智能变电站安装调试、运维检修、故障查找、技能培训等场合，现场适应能力强。

智能变电站具有一次设备智能化、二次设备网络化的特点，二次设备具有统一的数据来源和标准传输规约，相对传统变电站二次系统而言，智能变电站二次系统测试设备具备了集成多种功能的基础，手持式调试终端逐步发展为集成多种功能于一体的便携式调试设备，如 SV/GOOSE 信号发送测试、SV/GOOSE 信号示波及分析、送电核相、TA 极性校核、时间同步信号监测、遥信遥测对点等丰富实用的功能，小型化和多功能化是手持式调试终端的必然发展趋势。

以凯默 DM5000 为例。

1. SCD 导入

主界面下按功能键 F1 进入基本设置页面，基本设置主要设置全站配置文件、电压/电流通道一次/二次值的缺省值（每个 SMV 控制块通道一次/二次额定值可在该控制块监测界面更改）、MU 延时、GMRP 组播报文设置。

全站配置文件为经随机专用配置文件转换工具 scdxtool 转换之后的后缀为 scdx 的文件。在全站配置文件设置栏按 Enter 键，可显示本机或 SD 卡上的全站配置文件（后缀为 scdx），如图 4-8 所示。

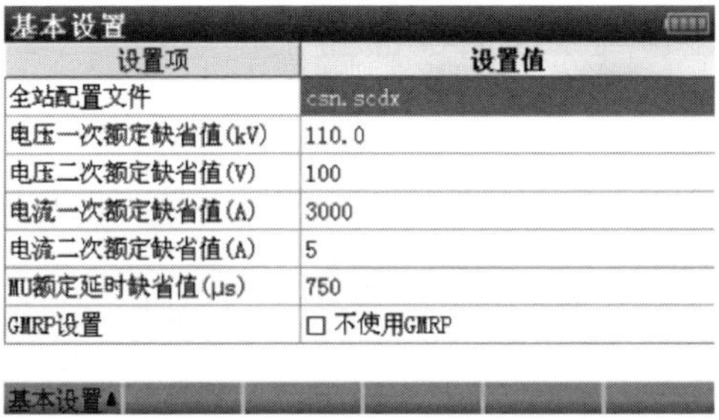

图 4-8 基本设置项

图 4-9 中，红色高亮显示的是本机当前配置的全站配置文件，绿色高亮显示当前光标处的全站配置文件，按 Enter 可直接设置为本机配置文件，

按 F2 “删除” 对应的功能键 F6 可删除当前配置文件。按 “导入” 对应的功能键可从 SD 卡上选择性导入一个或多个后缀为 scdx 的全站配置文件至本机。

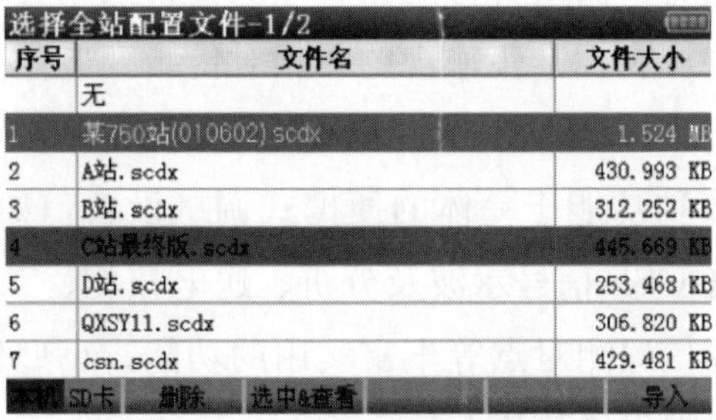

图 4-9 全站配置文件

2. SMV 设置

主界面下按 F1 进入基本设置，再次按 F1 选择 “SMV 发送设置”，如图 4-10 所示。

然后需要添加发送的 SMV 采样值控制块。凯默 DM5000 系列支持 3 种方式添加 SMV，即从全站配置中选择添加 SMV、从扫描列表中选择添加 SMV、手动添加 SMV，DM5000 最大支持添加 20 个发送 SMV。在 SMV 发送设置界面按弹出添加 SMV 选择框，如图 4-11 所示。

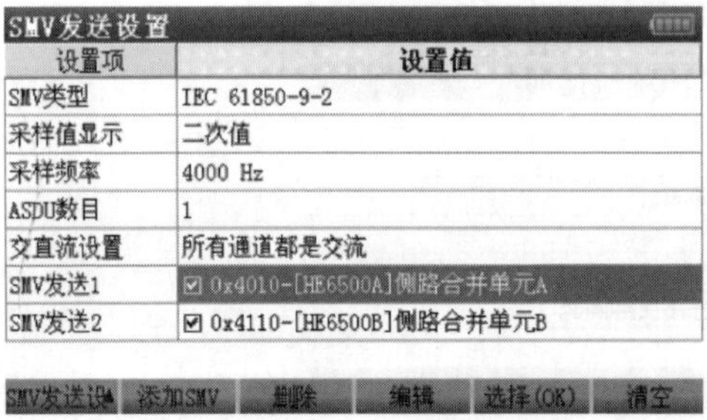

图 4-10 SMV 发送设置

图 4-11 添加 SMV 选择框

从基本设置的全站配置文件中选择 SMV，选中 “从全站配置中选择 SMV”，按 Enter 后自动显示全站配置文件中的 SMV 控制块，如图 4-12 所示，按 F1 选择/取消当前高亮 SMV 控制块。根据需要选择好 SMV 后按 Esc 返回，可看到所选择的 SMV 发送列表，如图 4-13 所示。

从全站配置中选择SMV-1/3

序号	APPID	ChnNum	描述
1	□ 0x4101	20	[ML2231A]220kV 春甲2线合并单…
2	□ 0x4102	20	[ML2232A]220kV 春甲1线合并单…
3	□ 0x4103	20	[ML2235A]220kV 渭塘1线合并单…
4	□ 0x4104	20	[ML2237A]220kV 渭塘2线合并单…
5	□ 0x4105	20	[ML2239A]220kV 常楼1线合并单…
6	□ 0x4106	20	[ML2241A]220kV 常楼2线合并单…
7	□ 0x4107	13	[MM2256A]220kV 5/6M母线合并…
8	□ 0x4108	13	[MM2278A]220kV 7/8M母线合并…

选择(OK)

图 4-12 从全站配置中选择添加 SMV

SMV发送设置-1/3

设置项	设置值
SMV类型	IEC 61850-9-2
采样值显示	二次值
采样频率	4000 Hz
ASDU数目	1
交直流设置	所有通道都是交流
SMV发送1	☑ 0x4010-[HE6500A]侧路合并单元A
SMV发送2	☑ 0x4110-[HE6500B]侧路合并单元B
SMV发送3	□ 0x4111-[HE6500B]侧路合并单元B

SMV发送设置 | 添加SMV | 删除 | 编辑 | 选择(OK) | 清空

图 4-13 SMV 发送列表

按“编辑”功能菜单对应的功能键 F4，可在前一个控制块及通道参数基础上编辑新的发送 SMV 控制块及通道参数，如图 4-14 所示。

SMV发送控制块参数-1/2

设置项	设置值
控制块描述	[HE6500B]侧路合并单元B
APPID(HEX)	4111
MAC地址	01-0C-CD-04-41-11
VLAN ID	0
VLAN优先级	4
配置版本号	1
svID	HE6500BGOLD/LLN0GOsmvcb0
datSet	HE6500BGOLD/LLN0$dsSv

控 通

图 4-14 SMV-编辑 SMV 参数

在 SMV 发送控制块参数界面下方按功能菜单“控/通”对应的功能键 F1，可继续编辑该 SMV 控制块通道参数，如图 4-15 所示，可根据需要添加/删除通道，编辑修改通道名称、通道类型、所属相位、一次/二次额定值、通道映射关系。

3. GOOSE 设置

在 GOOSE 发送设置界面按 F2 弹出添加 GOOSE 选择框，如图 4-16 所示。

SMV发送通道参数-1/3

通道名	通道类型	相位	一次额定值	二次额定值	映射
1750	时间	—	750.000 us	750.000 us	t1
A相保护电流1	电流	A相	3000.000 A	5.000 A	Ia
A相保护电流2	电流	A相	3000.000 A	5.000 A	
B相保护电流1	电流	B相	3000.000 A	5.000 A	
B相保护电流2	电流	B相	3000.000 A	5.000 A	
C相保护电流1	电流	C相	3000.000 A	5.000 A	
C相保护电流2	电流	C相	3000.000 A	5.000 A	
A相测量电流1	电流	A相	3000.000 A	5.000 A	

图 4-15 SMV 通道参数设置

图 4-16 添加 GOOSE 选择框

从全站配置文件中选择添加 GOOSE。选中“从全站配置中选择 GOOSE”，按 Enter 后自动显示全站配置文件中的 GOOSE 控制块，如图 4-17 所示，按 F1 选择/取消当前高亮 GOOSE 控制块。根据需要选择好 GOOSE 后 Esc 返回，可看到所选择的 GOOSE 发送列表，如图 4-18 所示。

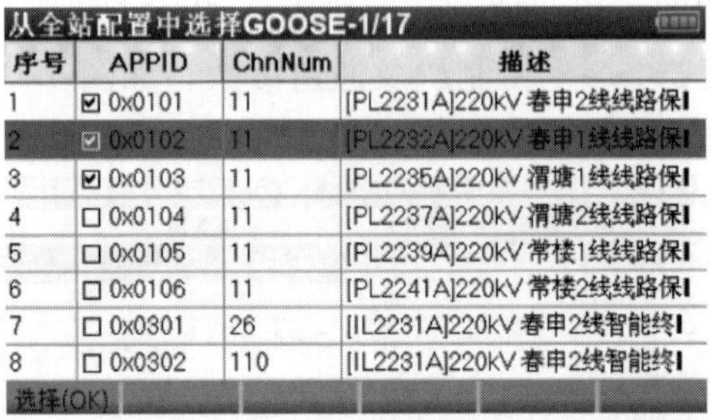

从全站配置中选择GOOSE-1/17

序号	APPID	ChnNum	描述
1	☑ 0x0101	11	[PL2231A]220kV 春申2线线路保
2	☑ 0x0102	11	[PL2232A]220kV 春申1线线路保
3	☑ 0x0103	11	[PL2235A]220kV 渭塘1线线路保
4	☐ 0x0104	11	[PL2237A]220kV 渭塘2线线路保
5	☐ 0x0105	11	[PL2239A]220kV 常楼1线线路保
6	☐ 0x0106	11	[PL2241A]220kV 常楼2线线路保
7	☐ 0x0301	26	[IL2231A]220kV 春申2线智能终
8	☐ 0x0302	110	[IL2231A]220kV 春申2线智能终

图 4-17 从全站配置中选择添加 GOOSE

按“编辑”功能菜单对应的功能键 F4，可在前一 GOOSE 控制块及通道参数基础上编辑新的发送 GOOSE 控制块及通道参数，如图 4-19 所示。

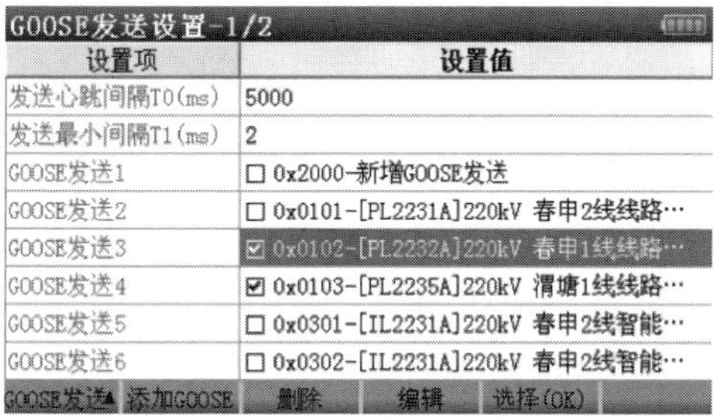

图 4-18　GOOSE 发送设置

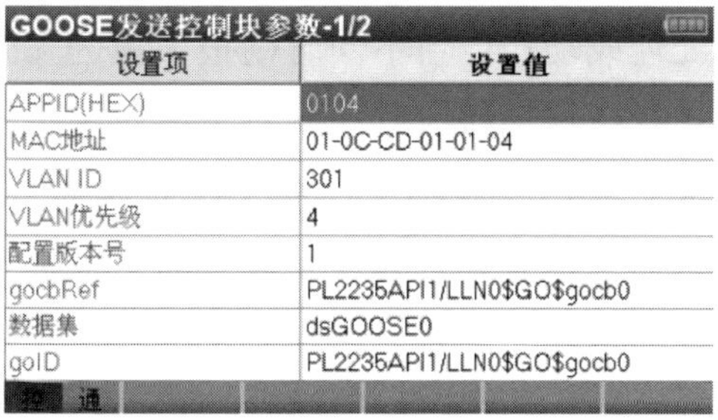

图 4-19　GOOSE 控制块及通道参数

在 GOOSE 发送控制块参数界面下方按功能菜单“控/通”对应的功能键 F1，可继续编辑该控制块通道参数，如图 4-20 所示，可根据需要添加/删除通道、修改通道数目、编辑通道类型。

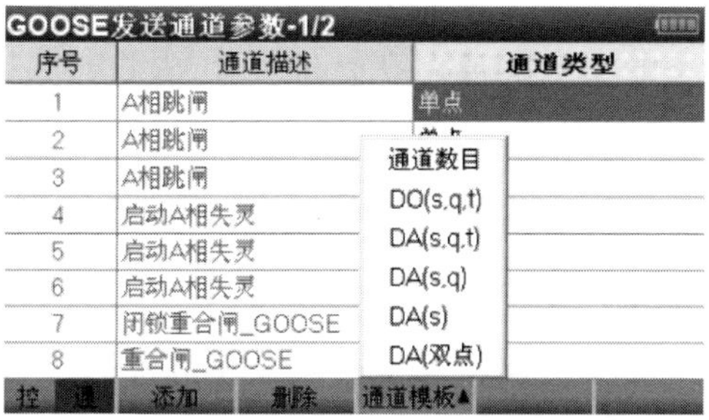

图 4-20　GOOSE 发送通道参数

任务三　智能变电站二次安全防范实施原则

【任务描述】 本任务主要讲解智能变电站二次安防技术的实施原则。通过概念讲述的方式，熟悉智能变电站二次安防中的危险点，掌握智能变电站二次安防技术的基本准则。

【知识要点】

智能变电站装置二次安全防范措施中，往往需要对检修压板、软压板、光纤、智能终端硬压板等位置进行操作。投退检修压板将影响报文的TEST位，装置将接收的GOOSE报文TEST位、SV报文数据品质TEST位与自身检修压板状态进行比较，通过“异或”计算进行判断，当两者相同时，对信号进行处理或动作，当不同时则报文视为无效，不参与逻辑运算。软压板分为发送软压板和接收软压板，主要实现逻辑上输入、输出信号的隔离。装置输入信号由保护输入信号和接收压板数据对象共同决定，装置输出信号由保护输出信号和发送压板数据对象共同决定，通过改变软压板数据对象的状态便可以实现某一路信号的通断。光纤是智能变电站通信的主要通道，因此可以采用直接断开光纤的方式确保检修设备（新上设备）与运行设备的可靠隔离。智能终端二次回路中的出口硬压板可以作为一个明显电气断开点实现该二次回路的通断。

【技能要领】

为保证检修设备的安全隔离，在智能变电站继电保护作业时需要遵循以下原则：

（1）对二次设备进行间隔检修时，原则上应暂停一次设备，并采取安全隔离措施，间隔作业。

（2）双重化配置的二次设备发生一套发生故障时（合并单元除外），维修处理时一次设备可不停役，但应防止无保护的运行。

（3）将出口硬压板与光纤断开，可产生二次回路隔离的明显断点。

（4）由于隔离装置之间光纤上实施安全措施可能导致检修装置（新装置）测试功能不全、光纤接口使用寿命缩短、影响正常工作装置逻辑等问题，应尽量避免在工作现场断开光纤。并通过“三信息”代替光缆拔插。

（5）通过“三信息”比对或安措可视化界面核对检修装置（新上装

置）、相关联的运行装置的检修状态以及相关软压板状态等信息，确认二次安全隔离执行到位后方可开展工作。

（6）对于确无法通过退软压板停用保护且与之关联的运行装置未设置接收软压板的GOOSE光纤回路，可在不影响其他设备正常运行情况下采取断开GOOSE光纤的方式实现隔离。在插拔光纤时应做好标识，取下的光纤应用相应保护罩套好光接头，防止污染物进入光器件或污染光纤端面。

（7）双重化配置间隔中，单一元件异常处置原则：在保护装置异常时，投检修压板，装置重启一次；智能终端异常时，取下出口硬压板，投检修压板，重启装置一次；间隔合并单元异常时，投检修压板，重启装置一次；若重启后异常消失，将装置恢复到正常运行状态；若异常未消失，则需保持该装置重启时的状态，必要时可申请一次设备停役。

（8）装置异常处理后需进行补充试验，确认装置正常、配置及定值正确；保持装置检修压板处于投入状态、发送软压板处于退出状态后，接入光缆；检查通信链路恢复、传动试验正常后装置方可投入运行。

（9）GOOSE交换机异常时，重启一次；更换交换机后，交换机配置与原配置需保持一致、相关装置链路通讯也应保证通畅。

（10）主变压器非电量智能终端装置发生GOOSE断链时，非电量智能终端可继续运行，但应加强监视。

任务四　合并单元二次安防技术

【任务描述】 本任务主要讲解智能变电站中合并单元相关的安防技术。通过概念讲述、方法讲解、案例分析等方式，熟悉合并单元二次安防实施过程的重点，掌握合并单元二次安防的实施方法。

【知识要点】

合并单元简称MU，是指对一次互感器传输过来的电气量进行合并和同步处理，并将处理后的数字信号按照特定格式转发给其他过程层或间隔层设备使用的装置。

按照功能和使用场景，合并单元一般可分为间隔合并单元和母线合并单元。

间隔合并单元用于采集变压器、线路等间隔电气量，并级联母线合并单元采集的电压信号。间隔电气量一般包括三相电压、三相保护电流、三相测量电流、同期电压、零序电压、零序电流等。对于双母线接线的间隔，间隔合并单元可以根据本间隔母线隔离开关的位置，自动实现电压切换的功能。

母线合并单元一般用于采集母线电压或者同期电压，在需要电压并列时，可以通过采集母联（分段）断路器位置和母线电压并列的控制命令（Ⅰ母强制并列至Ⅱ母/Ⅱ母强制并列至Ⅰ母），由软件内部逻辑自动实现母线电压并列的功能。

【技能要领】

以第一套间隔合并单元为例，检修或进行缺陷处理时，二次安全防范技术主要包括：

（1）在一次设备停电的情况下：

1）退出第一套母差保护对应支路 SV 接收软压板；

2）投入该合并单元检修压板。

注意：先退出母差保护对应支路 SV 接收软压板，再投合并单元检修压板；防止母差保护闭锁。

（2）在一次设备停电的情况下：

1）对应 220kV 第一套线路保护改信号；

2）对应 220kV 第一套母差保护改信号；

3）投入该合并单元检修压板。

注意：不可随意退出母差 SV 接收软压板，防止母差保护误动作。

【典型案例】

一、案例一：合并单元元件异常，导致保护装置误动作

1. 案例描述

某 110kV 变电站一次接线图如图 4-21 所示，该站为内桥接线，110kV

Ⅰ线 151 开关运行，桥开关 150 运行，110kV Ⅱ线 152 开关热备用。1、2 号主变压器并列运行。

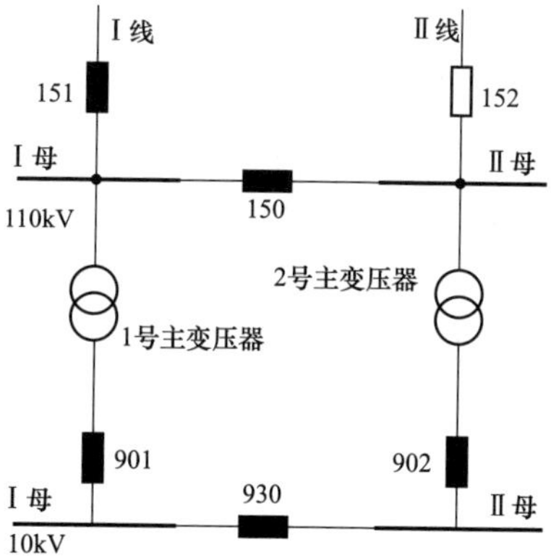

图 4-21 某 110kV 变电站一次接线图

该站的主变压器独立配置差动保护和后备保护，且差动保护和后备保护配套的合并单元也是独立配置的。主变压器保护及其合并单元配置如图 4-22 所示。

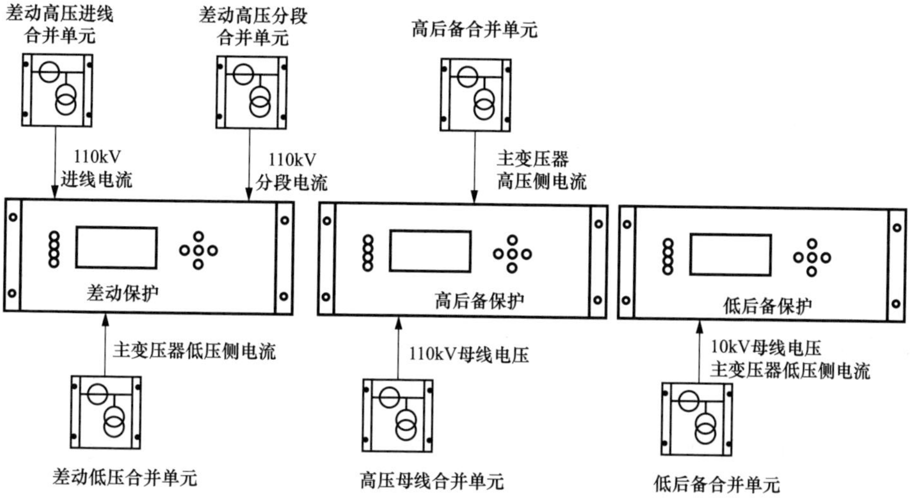

图 4-22 主变压器保护及其合并单元配置图

某日，在一次设备无任何故障的情况下，2 号主变压器低后备保护限时速断 1 时限 1505ms 出口，跳 10kV 分段 930 开关，限时速断 2 时限 1806ms 出口，跳主变压器低压侧 902 开关，导致该站 10kV 二段母线失压。

2. 原因分析

2 号主变压器低后备保护动作时，故障录波器中 2 号主变压器低后备保护合并单元的电流波形如图 4-23 所示，从图中可以看出，合并单元发出的两路保护电流（AD1 和 AD2）的方波和测量电流均突变为仅有正半波的方波，频率为 50Hz，且每个方波的幅值一致，保护通道二次电流幅值约为 596A，测量通道二次电流幅值约为 16A。故障时的电压与正常运行时的电压一致，未在图 4-23 中展示。

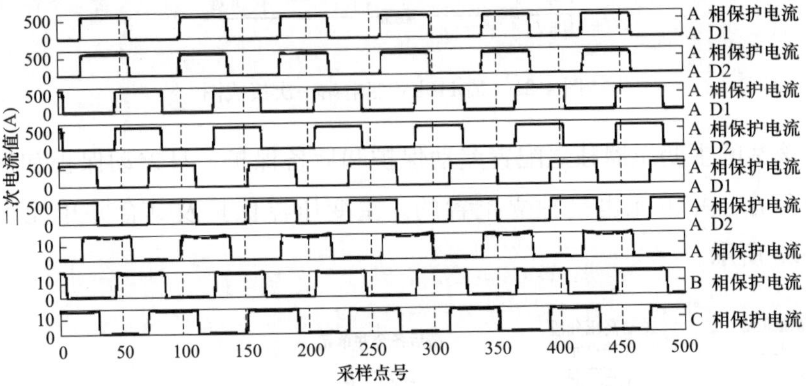

图 4-23 2 号主变压器低后备保护合并单元录波

2 号主变压器的限时速断为不带方向的纯过电流保护，不经电压闭锁，其动作电流定值为 27.5A，一时限 1.5s 跳 10kV 分段开关，二时限 1.8s 跳主变压器低压侧开关，因此保护的动作行为与整定值一致。结合保护的动作情况和保护录波，可初步判断：在本次事故中，保护动作正确，2 号主变压器低后备合并单元三相电流突变造成了此次保护误动。

事故现场处理检修人员到达现场后，断开了合并单元的外部交流回路，通过测试仪对合并单元施加额定电流（1A），合并单元输出的波形与故障时相似。随后，对装置的 CPU 插件进行了软重启，加入额定电流后，异常波形依然存在。最后，把采集插件进行带电插拔后（模拟采集插件重新上电），再次加入额定电流，合并单元输出的数据恢复正常。

故障波形分析考虑到测量电流的精度高于保护电流，对故障时合并单元输出的 A 相测量电流波形放大进行分析，如图 4-24 所示。可看出每个周期的波形包含两个部分，第一部分类似正弦波的负半波叠加直流分量，第二部分类似正弦波的正半波。

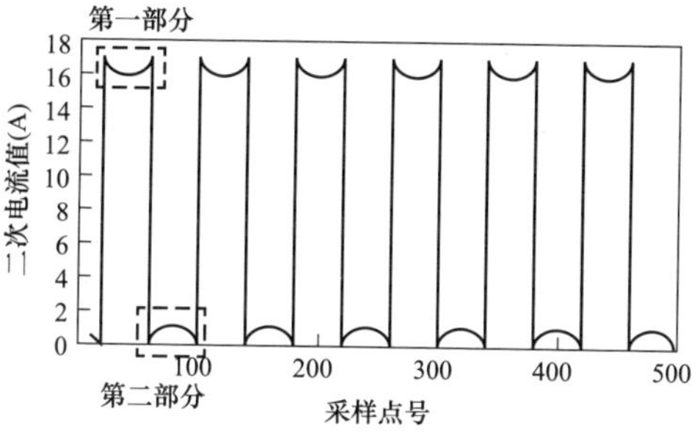

图 4-24　2 号主变压器低后备合并单元 A 相测量电流

进一步将图 4-24 虚线框中的两部分波形进行局部放大，如图 4-25 所示。

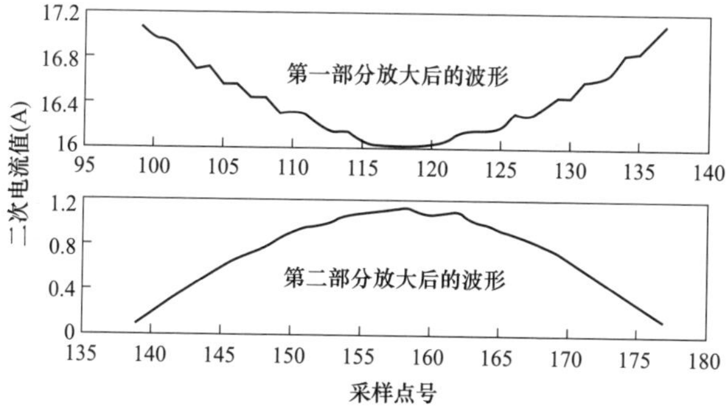

图 4-25　局部放大后的 A 相测量电流

将第一部分与第二部分别与正常情况下 2 号主变压器低后备合并单元输出的负荷电流波形的负半波和正半波进行对比，对比结果表明，两者基本一致。

对于本案例，根据其波形图的特征并考虑二进制数符号位被改写后的特征，可推断，合并单元输出数据的最高位（符号位）可能被改写。为验证该推断，修改合并单元 FPGA 程序，在 FPGA 寄存器中把所有获取到的采样值最高位（符号位）清 0。修改之后，在合并单位中加入电流，得到的波形与故障波形形状相似，如图 4-26 所示。

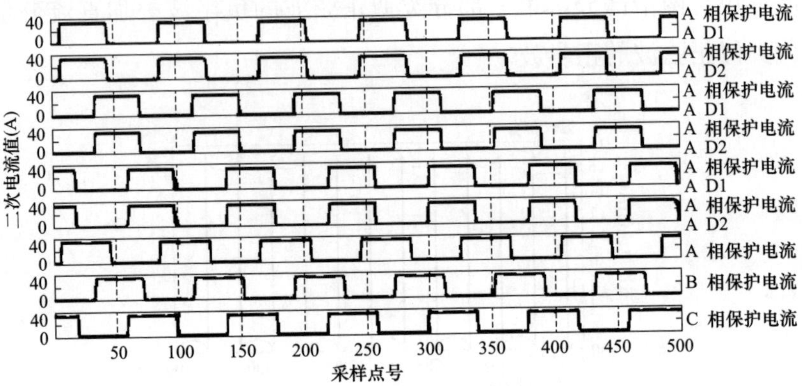

图 4-26 修改 FPGA 程序后 2 号主变压器低后备保护合并单元录波

事故内部原因分析合并单元装置数据采集回路由交流插件和采集插件组成，分别完成模拟量采集和 A/D 转换功能。合并单元硬件结构如图 4-27 所示。

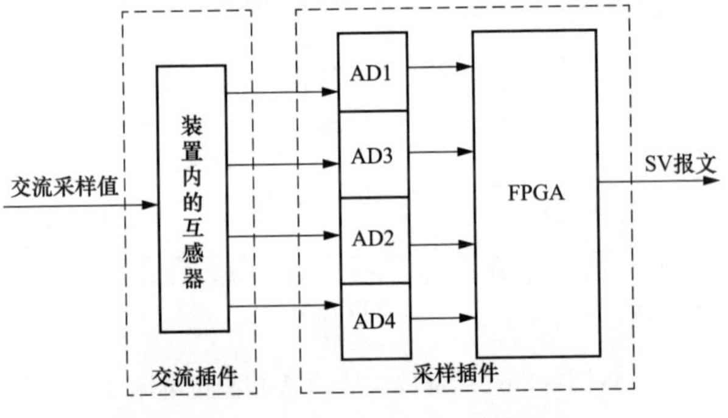

图 4-27 故障合并单元硬件结构

从电流、电压互感器出来的交流电压电流首先进入合并单元的交流插件，交流插件中的互感器将交流电压电流变换为合并单元可处理的交流量，随后，变换后的交流量进入采样插件进行 A/D 转换和报文打包。其中 AD1～AD4 为 4 个独立的 A/D 转换板卡，负责对交流量进行 A/D 转换，FPGA

负责对 A/D 转换后的采样值按照 IEC61850 规定的报文格式进行打包。在本次事故中，波形出现异常的通道是三相保护电流 AD1 和 AD2、三相测量电流。这 9 个波形异常的通道使用了 AD2 和 AD4 两片完全独立的芯片。考虑到在同一时刻，两片完全独立的芯片，发生同样故障的概率几乎为零。因此，故障不应该是由 A/D 转换环节引起。在 FPGA 中，采样值被打包成固定格式的 SV 报文，在此环节中，仅有一块 FPGA 芯片在运行，因此可以推断，故障的原因为采集插件中 FPGA 某些门电路失效，导致 FPGA 工作异常，采样数据的符号位被清 0，输出异常波形。

3. 防范措施

目前合并单元中的保护通道均采用双 A/D 转换设计，一路保护用二次电流或电压进入合并单元后，通过双 A/D 转换，合并单元发出两路保护用的 SV 采样值。对继电保护装置来说，其启动元件和保护动作元件分别使用不同通道的 SV 采样值，若两路采样值不一致，则相关保护功能将被闭锁。对于合并单元，采样值处理的每个环节都应该相互独立。此机制将保证，在由合并单元异常导致某一路 SV 采样值异常的情况下，保护不会误动作。

二、案例二：合并单元同步功能异常，导致保护装置误动作

1. 案例描述

某日，与 JC 变电站相连的特高压直流站外进行 500kV ZGⅡ线 C 相人工短路试验，这对 JC 变电站是穿越故障，但 J2 号主变压器三侧 J5031、J5032、J222、J662 开关 83 供配电智能变电站跳闸，220kV ⅡJX1、J 东 220 开关跳闸，220kV ⅠJX1 开关跳闸，重合成功。现场检查保护动作情况，发现 J2 号主变压器第一套保护和第二套保护分侧差动跳闸；J220kV 北母双套母线差动保护动作跳闸；ⅠJX 线第一、二套光纤差动保护 C 相纵联差动动作跳闸，重合闸动作成功；ⅡJX 线第一、二套光纤差动保护纵联差动动作，ⅡJX1 断路器 A、B、C 三相出口；J5031、J5032、J222、J662、ⅡJX1、J 东 220 开关在分位，一次设备均无异常。

2. 原因分析

录波图形分析通过分析对比该站故障录波图，可知 2 号主变压器中压侧电流波形比高压侧滞后一个周波，ⅡJX 线、母联 J 东 220 电流波形均滞后 J222（主变压器中压侧开关）一个周波，ⅠJX 线本侧电流波形滞后对侧一个周波，ⅡJX 线本侧电流波形滞后对侧一个周波，500kV 系统故障录波中电压波形滞后电流波形一个周波。通过波形分析和现场实测［实测时在主变压器中压侧间隔合并单元的母差保护电流输入端子和变压器保护的电流输入端输入同一交流电流量，测试其输出数字量，结果两个数字量之间存在一个周波（20ms）的延时］，认定合并单元提供的电流量不同步是造成 JC 变电站各差动保护动作的原因。2 号主变压器 220kV 侧变压器保护用电流波形滞后 500kV 侧电流一个周波，造成变压器差动保护动作，主变压器三侧跳闸。220kV 母差保护中的线路间隔电流滞后运行于 220kV 北母的 2 号主变压器间隔电流波形一个周波，造成 220kV 北母差动保护动作。而 220kV 南母母线差动保护用各间隔电流均同步（实际均滞后统一时标一个周期），故南母差动保护未动作。220kV 线路保护电流滞后线路对侧电流一个周波，造成线路差动保护动作。运行于 220kV 南母的ⅠJX 线线路保护动作，为单相故障，重合闸动作。JM 线实际差流在 400A 左右，达不到线路差动最小动作门槛，故 JM 线线路保护未动作。造成合并单元数据不同步的原因经过厂家（长园深瑞）及建设单位分析测试，造成合并单元数据不同步的原因如下：

（1）合并单元程序设计缺陷造成不同电流、电压量之间不同步，且此次工程应用的合并单元程序在入网测试版本基础上进行了改动而未再次经过测试。

（2）由于不同步量为整周波（20ms），因此稳态下的调试项目无法发现该问题，而现场调试也没有暂态调试项目。

3. 防范措施

首先，应加强产品出厂前的测试工作，采用经入网测试合格的产品；其次，应改进现场调试方法。由于现场调试中合并单元延时的测试方法实际测试的不是合并单元绝对延时，而是合并单元角度偏差在工频下换算成的时间值，无法测出这种延时量为整周波的设备缺陷，因此在现场测试中应改进测试方法。例如采用便携式录波仪或带有录波功能的合并单元校验仪测试合并单元的绝对延时，或利用多间隔合并单元暂态同步性测试的方法测试合并单元的绝对延时，以杜绝此类事故的再次发生。

三、案例三：散热设备异常，导致装置告警

1. 案例描述

某 110kV 线合并单元装置散热风扇不工作，温控仪不显示，打开装置柜门，温度降低后，该信号复归，柜门关起后，信号重新发出。

2. 原因分析

现场发现该系列热转换器（4 台分别为该 110kV 线智能柜、1 号主变压器智能柜、2 号主变压器智能柜、110kV Ⅱ段母线电压互感器智能柜内的热转换器，装置为 Envicool）均是由于该热转换器的主板损坏，导致风扇不转、黑屏、后台温度显示不正确，如图 4-28 所示。

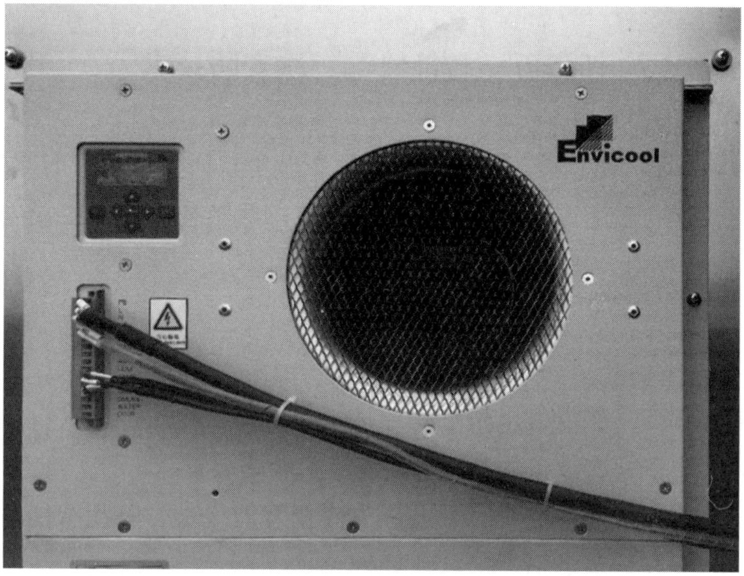

图 4-28　热转换器装置

3. 防控措施

更换4台热转换器的主板（4台分别为该110kV线智能柜、1号主变压器智能柜、2号主变压器智能柜、110kV Ⅱ段母线电压互感器智能柜内的热转换器）后，如图4-29所示，风扇正常运转，无黑屏，后台及监控显示智能柜温度正确。

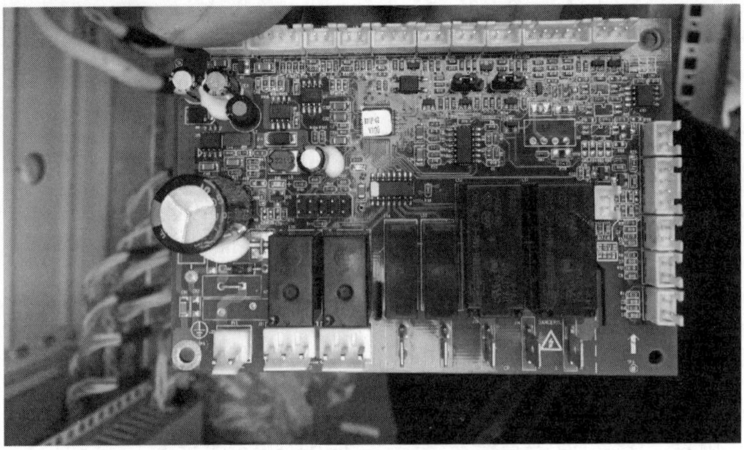

图4-29 热转换器装置的主板

任务五 智能终端二次安防技术

【任务描述】 本任务主要讲解智能变电站中智能终端相关的安防技术。通过概念讲述、方法讲解、案例分析等方式，熟悉智能终端二次安防实施过程的重点，掌握智能终端二次安防的实施方法。

【知识要点】

智能终端与一次设备采用电缆连接，与保护、测控等二次设备采用光纤连接，实现对一次设备的测量、控制等功能的装置。

按照功能，智能终端一般可以分为分相智能终端、三相智能终端、变压器本体智能终端等类别。

智能终端通过开关量采集模块采集开关、闸刀、变压器等设备的信号量，通过模拟量小信号采集模块采集环境温湿度等直流模拟量信号，将这些信号处理后，以 GOOSE 报文形式输出。

智能终端还接收从间隔层发来的 GOOSE 命令，包括保护跳合闸、闭锁重合闸、遥控命令、复归等，接收后能在满足逻辑的情况下执行相应操作命令。

同时智能终端还具备操作箱功能，支持就地手动的开关操作。

【技能要领】

以第一套下路智能终端为例，检修或进行缺陷处理时，二次安全防范技术主要包括：

（1）消缺前安措。

1）退出本间隔第一套智能终端出口硬压板，并投入检修压板；

2）退出本间隔第一套保护 GOOSE 出口软压板，启失灵软压板；

3）投入母线保护中隔离开关强制软压板；

4）如有需要，可断开智能终端背板光纤，解开至另一套智能终端的闭锁重合闸回路。

（2）消缺后传动时安全措施。

1）退出本间隔第一套智能终端出口硬压板，并投入检修压板；

2）退出 220kV 第一套母线保护内运行间隔 GOOSE 出口软压板，失灵联跳发送软压板，并投入保护装置检修压板；

3）投入本间隔第一套线路保护装置检修压板；

4）如有需要可退出该线路保护至线路对侧纵联光纤，解开至另一套智能终端的闭锁重合闸回路。

该安全措施方案可传动至该边断路器智能终端出口硬压板，如有必要可停役相关一次设备做完整的整组传动试验。

【典型案例】

一、案例一：双套智能终端关于重合闸的配合问题

1. 案例描述

某智能变电站 2211 线合并单元、保护装置、智能终端为双重化配置。

线路采用单相重合闸方式，使用A套保护（PSL603U）实现，B套保护（RCS931）重合闸功能退出。某日，变电站监控系统“2211××线PSL603U纵联电流差动保护动作”“2211××线RCS931纵联电流差动保护动作”“2211开关非全相动作”“2211间隔事故总”光字牌亮，并伴随开关变位和告警声响。二次运检人员到站后，立即调取了监控系统在故障时间段内的所有监控信息、事故顺序记录、两套线路保护动作记录及故障录波信息。实际故障过程是：2211线发生A相接地故障，A套保护动作选相跳A相开关（高压断路器），但A套智能终端并未出口；B套保护动作跳开A相开关，2s后，2211非全相动作跳开B相和C相开关。

2. 原因分析

首先分析B套保护的动作行为。由于B套保护重合闸功能退出，线路发生A相接地故障，B套保护选相跳A相开关，B套智能终端出口跳开A相开关，保护动作行为正确。而对于A套保护。线路发生A相接地故障，保护选相跳A相开关，但A套智能终端并未出口动作。B套保护动作后，A套保护也没有收到A相开关的跳位信息，导致A套重合闸并未动作。最终，开关非全相动作，跳开B相和C相开关。保护动作行为异常的主要原因是A套智能终端未出口。

继续检索监控系统记录的有关告警信息，发现在线路接地故障发生前约30min，A套智能终端已经发出“2211××线A套智能终端闭锁”信息（运维人员在来站处理的路上）。也就是说，故障发生时，A套智能终端因自身故障已经闭锁，所以不能执行A套保护装置的跳闸命令，也没有将B套保护跳闸后的A相分位反馈给A套保护，所以A套重合闸未动作。当然，即使A套保护重合闸动作，A套智能终端因已闭锁，也不能动作合上A相开关，最终仍然是由非全相动作跳开其余两相开关。

3. 防范措施

保护动作行为异常是由于A套智能终端故障时，B套保护选相跳闸造成的。针对这一问题，需要，将A套智能终端的故障和告警信息通过电缆连接到B套智能终端的采集回路，B套保护在收到该信息后，保护跳闸不再选相，而是直接跳三相。由于A套智能终端已经故障，采用单套重合闸的方式下，重合一定无法实现，所以B套保护直接三跳，并没有扩大故障隔离范围，而是使系统避免出现非全相运行状态。

二、案例二：芯片及光缆性能导致的开关误跳闸

1. 案例描述

2017年4月21日8时20分左右，GY智能变电站某110kV线路开关跳闸。现场查看确认，事故间隔智能终端运行灯、断路器分位灯、保护跳闸灯、事故总信号灯点亮，与该智能终端相关线路保护装置、母线保护装置均未有保护动作信息，且远方及就地均无人操作该开关。

2. 原因分析

读取该线路智能终端事件记录，发现该线路智能终端在开关动作前收到“三跳R1动作”命令。该线路智能终端与4组设备连接。光口1、2连接过程层交换机，光口3直连线路保护测控一体装置，光口4直连母差保护装置。光纤连接示意如图4-30所示。

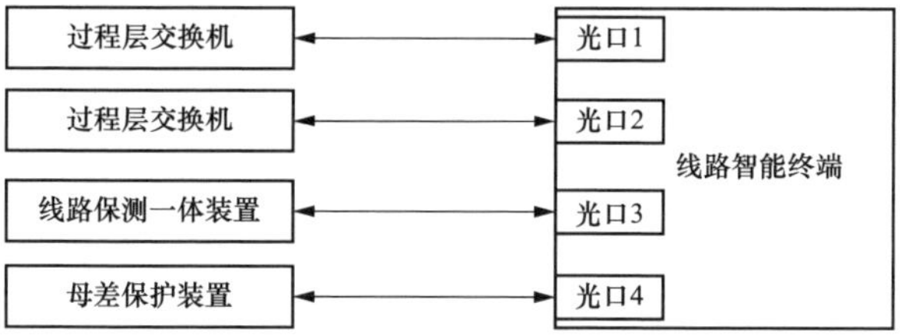

图4-30 光纤连接示意

线路保护装置在该开关跳闸的同时收到“闭锁重合闸1”命令。线路保护装置收到外部闭重开入有两种可能：一种是母线保护动作发三跳令给智能终端时，智能终端跳开关的同时会给线路保护发送“闭锁重合闸1”命令；另一种是在智能终端就地操作开关时，智能终端会给线路保护发送“闭锁重合闸2”命令。其效果就是闭锁线路保护装置重合闸功能。根据该间隔智能终端及线路保护装置的虚端子配置图可知，该智能终端接收110kV母差保护装置“三跳R1”命令，且此命令通过光纤直联方式发送；

该智能终端通过 GOOSE 网络将“闭锁重合闸 1”命令发送给线路保护装置。现场测试光口 4 所连光纤的接收光功率约为－31dB，而国家电网有限公司相关技术规范中要求光波长为 1310nm 的光纤光接收灵敏度在－31～－14dB。该光口接收光功率实测值在边界左右波动，导致该智能终端会间断报出“GOOSE 中断总动作”及“GOOSE 中断总返回”。综上现场测试分析，该线路开关动作是其智能终端在“GOOSE 中断总返回”前通过光口 4 接收母差保护装置的 GOOSE 报文（三跳 R1 动作）所致，开关动作的同时智能终端向线路保护装置发送“闭锁重合闸”命令。母线保护装置并未实际发送三跳的 GOOSE 报文给该智能终端，应是该智能终端对母线保护装置 GOOSE 报文误解析所致。为此，对该智能终端 CPU 板卡做进一步测试。对该智能终端 CPU 板卡进行连续 48h 10M/s 数据读写的环回压力测试，光口 1、2、3 对 GOOSE 报文读写正常，而光口 4 在拷机测试过程中，在光弱的情况下（与现场现象一致），FPGA 芯片中的 GOOSE 报文缓存寄存器偶尔发生异常变化。在绝大多数异常变化下，软件均能正常识别并报 GOOSE 中断；偶然情况下，当异常变化同时发生在 GOOSE 报文中的 St-Num 字段和数据集中的跳闸命令字段时，软件判断为有效的跳闸报文，导致装置跳闸出口。综上可知，造成本次线路开关误跳闸的原因是智能终端光口 4 的 FPGA 芯片存在严重缺陷，且该条直跳光纤回路性能不符合国家电网有限公司设计规范要求，导致该智能终端在光口 4 接收光功率弱的情况下，其 FPGA 芯片 GOOSE 报文缓存器发生异常变化且未被软件正确识别，造成智能终端误接收母差保护装置“三跳 R1 动作”命令，使得线路开关误跳。

3. 防范措施

（1）厂家应在智能终端出厂时在各种运行条件下对 FPGA 芯片进行严格的全检测试，以避免类似故障的再次发生。

（2）运检单位应在智能变电站验收时对站内光纤回路，特别是直采直跳回路做全面的流量及光功率测试，对不符合设计规范的及时发现、及时整改。

任务六　主变压器保护二次安防技术

》【任务描述】　本任务主要讲解智能变电站中智能终端相关的安防技术。通过概念讲述、方法讲解、案例分析等方式，熟悉智能终端二次安防实施过程的重点，掌握智能终端二次安防的实施方法。

》【知识要点】

以 220kV 变电站第一套主变压器保护为例，其典型配置以及与其他保护装置的网络联系示意如图 4-31 所示。

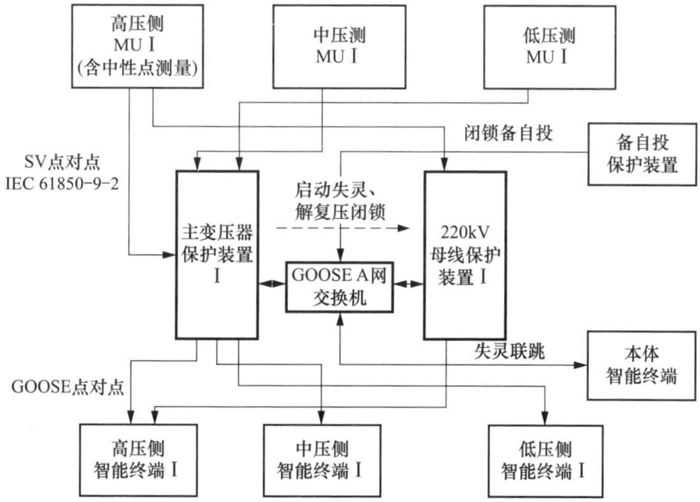

图 4-31　主变压器保护典型配置与网络联系示意

》【技能要领】

主变压器保护二次安全防范技术实施细则：

（1）变压器停电情况下，主变压器保护检修校验。

1）采用电子式互感器。

a）母线保护退出变压器启动失灵、解除复压闭锁 GOOSE 接收压板；

b）主变压器保护、主变压器保护各侧智能终端均投入检修硬压板；

c）主变压器保护背板 SV 输入光纤取下。

注：安全措施 a）涉及在运行设备上做措施，目的在于防止主变压器保护传动时误启失灵。

2）采用传统互感器。不带合并单元做试验时，同电子互感器。从合并单元前加量做试验时。

a）母线保护退出变压器高、中压侧 SV 接收压板；

b）母线保护退出变压器启动失灵、解除复压闭锁 GOOSE 接收压板；

c）主变压器各侧合并单元、主变压器保护、主变压器各侧智能终端均投入检修硬压板；

d）主变压器各侧合并单元端子排将 TA 和 TV 回路打开。

注：安全措施 a）、b）涉及在运行设备上做措施；安全措施 b）的目的在于防止主变压器保护传动时误启失灵。

（2）变压器不停电情况下，主变压器保护检修校验。主变压器保护背板 SV、GOOSE 光纤全部取下。

注：此种情况下只能进行单装置校验；会造成运行母线保护告警，可采取母线保护退出变压器启动失灵、解除复压闭锁 GOOSE 接收压板的方法解除告警，校验完成后注意恢复措施。

（3）变压器停电情况下，主变压器保护处理缺陷。

1）某侧合并单元缺陷。缺陷合并单元对应的母线保护把本间隔投入软压板退出。

注：涉及在运行设备上做措施；中性点合并单元不接入母线，不用采取上述措施。

2）主变压器保护缺陷，需做保护功能试验。主变压器保护背板 SV、GOOSE 光纤全部取下。

注：会造成对应运行母线保护告警，可采取退出变压器启动失灵、解除复压闭锁 GOOSE 接收压板的方法使告警消失，处理完毕后注意恢复措施；会造成对应智能终端告警。

3）某侧智能终端缺陷。缺陷智能终端背板 GOOSE 光纤全部取下。

注：会造成主变压器保护、母线保护、测控装置告警；中低压侧备用电源自动投入已自动闭锁退出，不用做安全措施。

（4）变压器不停电情况下，主变压器保护处理缺陷。

1）某侧合并单元缺陷。

a）缺陷合并单元对应主变压器保护整体退出；

b）缺陷合并单元对应母线保护整体退出。

注：中性点合并单元不接入母线，不用采取 b 项安措。

2）主变压器保护缺陷，需做保护功能试验。主变压器保护背板 SV、GOOSE 光纤全部取下。

注：会造成对应运行母线保护告警，可采取母线保护退出变压器启动失灵、解除复压闭锁 GOOSE 接收压板的方法使告警消失，处理完毕后注意恢复措施；会造成对应智能终端告警。

3）某侧智能终端缺陷。

a）缺陷智能终端的保护跳合闸出口硬压板退出；

b）缺陷智能终端背板 GOOSE 光纤全部取下。

注：会造成主变压器保护、母线保护、测控装置告警；中低压侧备用电源自动投入装置已自动闭锁退出，不用做安全措施。

【典型案例】

案例：配置文件错误，导致保护装置误动作

1. 案例描述

某天 17 时 01 分 20 秒 433 毫秒，750kV A 变电站 1 号主变压器 220kV 侧送电时，2201 断路器 A 相未合闸，B、C 相合闸，导致线路非全相运行，0.5s 后断路器本体三相不一致保护动作。17 时 01 分 21 秒 905 毫秒，该地区 220kV B 变电站 1 号主变压器 A 套保护装置间隙保护动作，1 号主变压器高低中压侧断路器跳闸，B 套保护没有动作信息。发生故障时的 1 号主变压器的 A、B 套保护配置及故障信息见表 4-1，A 套保护的动作信息见表 4-2。

表 4-1　　220 kV B 变电站 1 号主变压器保护配置及故障信息

参数	A 套保护	B 套保护
间隙 TA 变比	高 600/1 中 600/1	高 600/1 中 600/1
整定值	零序电压保护 180V、0.5s 间隙电流保护 0.17A、0.5s	零序电压保护 180V、0.5s 间隙电流保护 0.17A、0.5s
故障二次值	灵虚电压 271.607V 间隙电流 0.01A	无

表 4-2　　220kV B 变电站 1 号主变压器 A 套保护动作信息

起始时间	保护启动　动作
第 1463ms	高零序电压保护　动作
第 1463ms	高间隙电流保护　动作
第 1463ms	跳高压侧　动作
第 1463ms	跳中压侧　动作
第 1463ms	跳低压 1 分支　动作

2. 原因分析

保护动作后，变电站现场工作人员对 1 号主变压器 A 套保护装置、B 套保护装置、故障录波器、1 号主变压器 220kV 侧汇控柜保护用 TV 合并单元及其所在的 220kV Ⅰ母电压、Ⅲ母电压汇控柜二次回路、各级联光纤回路进行检查，检查发现如下问题：

（1）现场打印保护装置动作报告，A 套保护装置动作报告显示 17 时 01 分 20 秒 442 毫秒，220kV 1 号主变压器 A 套保护装置启动，1463ms 后高压侧中性点间隙电流保护动作（此时电流值 0.001A）；高压侧零序电压保护动作（此时电压值 271.607V）。

（2）跳闸时间 1463ms 与定值 500ms 不相符。

（3）检查 1 号主变压器 B 套保护装置无任何启动及动作报告。

（4）现场打印保护装置以及故障录波报告，A 套保护装置录波显示动作时刻电压最大值约为 2.36V，故障录波器录波显示动作时刻电压最大值约为 2.01V，远远小于 A 套保护装置动作报告中显示 271.607V 的动作电压。

（5）检查室外 1 号主变压器 220kV 侧汇控柜保护用 TV 合并单元及其所在的 220kV Ⅰ母电压、Ⅱ母电压汇控柜二次回路、各级联光纤回路，均未发现异常情况。

（6）现场检查 1 号主变压器 220kV 侧避雷器、间隙放电计数器均无新增动作计数，未发现放电痕迹，一次设备正常，无故障发生。

而后对比分析故障录波图，发现保护动作时系统存在零序电压，零序电压二次值最大值为 2.5V，远远小于零序过压保护的定值（180V）。主变压器 A 套保护装置与故障录波器波形保持一致。经确认，系统零序电压产生原因与 750kV A 变 1 号主变压器 2201 断路器非全相运行有关。

动作时序关系分析如下：在 0ms 时刻，750kV A 变电站 1 号主变压器 2201 开关 B、C 相合闸导致线路缺相运行，系统产生零序电压，220kV B 变电站 1 号主变压器零序过电压启动（定值 180V）；在第 276ms 时刻，零序电压降低到 156V 左右，主变压器零序过电压判据返回；在第 560ms 时刻，750kV A 变电站 1 号主变压器 2201 断路器 B、C 相跳闸，系统零序电压消失；在第 960ms 时刻，750kV A 变电站 1 号主变压器 2201 断路器 A 相合闸，220kV B 变电站 1 号主变压器零序过电压判据满足，重新开始动作计时；在第 1463ms 时刻 220kV B 变电站 1 号主变压器零序过电压（包含间隙电流中的零序过电压判据）判据延时（定值 0.5s）满足，零序过电压动作（由于保护装置启动后，启动状态会展宽 7s，因此虽然过程中过压保护判据有返回，但是保护在启动状态，直到第二次零序电压判据满足 500ms 的延时，跳闸出口）。结合前期分析结果判断一次设备正常。本次跳闸事故属于 1 号主变压器 A 套保护装置误动。由于一次设备确认无故障，检查的重点放在 1 号主变压器 A 套保护装置上，现场检查发现 1 号主变压器 A 套保护与 B 套保护软件版本校验码一致，但软件生成日期不一致：A 套保护装置为 2012 年 10 月 18 日，B 套保护装置为 2013 年 6 月 17 日。经进一步检查发现 A、B 套保护两个装置的配置文件中零序电压计算系数相差 120 倍，导致零序电压保护定值（180V）被缩小 120 倍（1.5V），从而导致保护误动。

3. 防控措施

（1）运行单位应强化继电保护规范化管理。加强现场作业安全管控和危险点分析预控，认真履行专业管理职责，加强继电保护专业人员培训，提高继电保护专业技术和管理水平。

（2）监督管理部门应强化专项整改工作的全过程管控力度，监督指导现场运维管理工作，深入学习智能变电站专业知识、运维技能，提高设备运维水平和事故分析能力。

（3）厂家应加强保护程序版本管理，规范内部管理流程。对现场程序升级工作必须出具升级说明文档，详细说明程序修改原因和内容、升级前后版本信息、升级步骤、风险点、安全措施、影响范围、试验项目、验证手段和注意事项，且严格执行。执行。

任务七　线路保护二次安防技术

》【任务描述】 本任务主要讲解智能变电站中线路保护相关的安防技术。通过概念讲述、方法讲解、案例分析等方式，熟悉线路保护二次安防实施过程的重点，掌握线路保护二次安防的实施方法。

》【知识要点】

一、220kV 线路保护典型配置和网络联系

以 220kV 线路间隔第一套线路保护为例，其典型配置以及与其他保护装置的网络联系示意如图 4-32 所示。

二、110kV 线路保护典型配置和网络联系

110kV 线路保护典型配置以及与其他保护装置的网络联系示意如图 4-33 所示。

【技能要领】

一、220kV 线路保护二次安全防范技术实施细则

（1）一次设备停电情况下，220kV 线路保护检修校验。

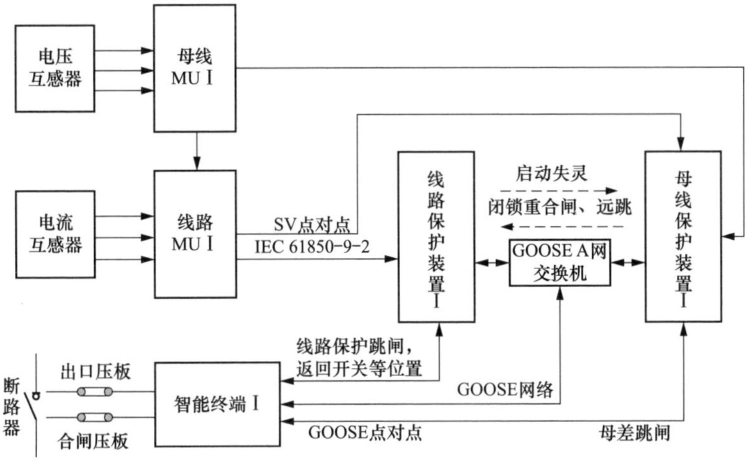

图 4-32　220kV 线路保护典型配置与网络联系示意

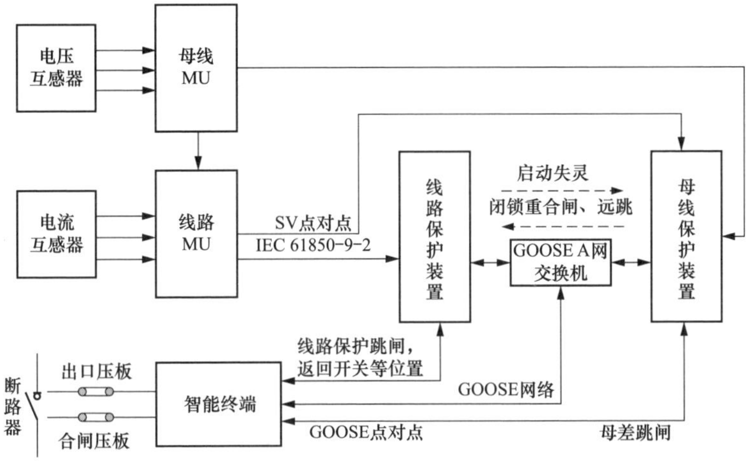

图 4-33　110kV 线路保护典型配置与网络联系示意

1）采用电子式互感器。

a）母线保护退出 GOOSE 启动失灵接收软压板；

b）线路保护及线路保护智能终端均投入检修压板；

c）线路保护背板 SV 输入光纤取下。

注：安全措施 a）涉及在运行设备上做措施，目的在于防止线路保护传动时误启失灵。

2）采用传统互感器。不带合并单元做试验时同电子式互感器。带合并单元做试验时：

a）母线保护退出本间隔 SV 接收压板；

b）母线保护退出 GOOSE 启动失灵接收软压板；

c）合并单元、线路保护及线路保护智能终端均投入检修压板；

d）在合并单元端子排将 TA 和 TV 回路打开。

注：安全措施 a）、b）涉及在运行设备上做措施；安全措施 b）的目的在于防止线路保护传动时误启失灵；安全措施 d）可以在合并单元前加量做试验。

3）220kV 线路间隔停电检修时失灵传动方法（两套分别传动，以第一套为例）：

a）合并单元、线路保护、智能终端投检修硬压板；

b）对应母线保护投检修硬压板；

c）母线上其他运行间隔第一套智能终端打开跳闸硬压板；

d）线路保护模拟失灵启动（从合并单元前加量，满足有流判别条件）；

e）检查母线保护失灵是否动作，母线上运行间隔第一套智能终端是否有跳闸信号。

注：安全措施 c）优点在于确保其他线路间隔不误跳闸，缺点在于扩大了安全措施范围。

（2）一次设备不停电情况下，220kV 线路保护检修校验。

1）母线保护退出 GOOSE 启动失灵接收软压板；

2）线路保护及对应智能终端均投入检修压板；

3）对应智能终端出口硬压板打开；

4）线路保护背板 SV 输入光纤取下。

注：安全措施 1）涉及在运行设备上做措施，目的在于防止线路保护传动时误启失灵；安全措施 2）造成重合闸功能失去，且上送的遥信量处于检修状态。

（3）一次设备停电情况下，220kV 线路保护处理缺陷。

1）合并单元缺陷。

a）缺陷合并单元对应线路保护功能退出；

b）缺陷合并单元对应的母线保护把本间隔投入软压板退出。

注：安全措施 a）在独立线路保护情况下，装置可整体退出，测保一体装置情况下，退出保护功能，主要考虑装置还负责转送刀闸位置等测控功能，如整体退出，则转送的刀闸位置失效；安全措施 b）涉及在运行设备上做措施。

2）线路保护装置缺陷。缺陷线路保护背板 SV、GOOSE 光纤全部取下。

注：会造成对应运行母线保护告警，可采取退出母线保护 GOOSE 启动失灵接收软压板的方法使告警消失，处理完毕后注意恢复措施；会造成对应智能终端告警。

3）智能终端缺陷。缺陷智能终端背板 GOOSE 光纤全部取下。

注：会造成线路保护、母线保护、测控装置告警。

（4）一次设备不停电情况下，220kV 线路保护处理缺陷。

1）合并单元缺陷。

a）缺陷合并单元对应线路保护功能退出；

b）缺陷合并单元对应母线保护整体退出。

注：安全措施 a）在独立线路保护情况下，装置可整体退出，测保一体装置情况下，退出保护功能，主要考虑装置还负责转送的隔离开关位置等测控功能，如整体退出，则转送的隔离开关位置失效；安全措施 b）涉及在运行设备上做措施。

2）线路保护装置缺陷。缺陷线路保护背板 SV、GOOSE 光纤取下。

注：会造成对应运行母线保护告警，可采取退出母线保护 GOOSE 启动失灵接收软压板的方法使告警消失，处理完毕后注意恢复措施；会造成

对应智能终端告警。

线路保护缺陷时处理过程：投入该线路保护检修压板，重启一次，重启后若异常消失，将装置恢复到正常运行状态；若异常没有消失，保持该装置重启时状态。在不停用一次设备时，二次设备做如下补充安全措施。

缺陷处理时：

a）退出 220kV 第一套母线保护该间隔 GOOSE 启失灵接收软压板；

b）退出该间隔第一套线路保护内 GOOSE 出口软压板、启失灵软压板；

c）如有需要可取下线路保护至对侧纵联光纤及线路保护背板光纤。

缺陷处理后传动试验时：

a）退出 220kV 第一套母线保护内运行间隔 GOOSE 出口软压板、失灵联跳软压板，放上 220kV 第一套母线保护检修压板；

b）退出该间隔第一套智能终端出口硬压板，放上该智能终端检修压板；

c）如有需要取下线路保护至线路对侧纵联光纤，解开该智能终端至另外一套智能终端闭锁重合闸回路；

d）本安全措施方案可传动至该间隔智能终端出口，如有必要可停役一次设备做完整的整组传动试验。

3）智能终端缺陷。

a）缺陷智能终端的保护跳合闸出口硬压板退出；

b）缺陷智能终端背板 GOOSE 光纤全部取下。

注：会造成线路保护、母线保护、测控装置告警；第一套智能终端处理缺陷时，重合闸功能失去。

智能终端缺陷时处理过程：取下出口硬压板，放上装置检修压板，重启装置一次，重启后若异常消失，将装置恢复到正常运行状态；若异常没有消失，保持该装置重启时状态。在不停用一次设备时，二次设备做如下补充安全措施。

缺陷处理时：

a）退出该间隔第一套线路保护内 GOOSE 出口软压板、启失灵软压板；

b）投入 220kV 第一套母线保护内该间隔的隔离刀闸强制软压板；

c）如有需要解开至另外一套智能终端闭锁重合闸回路；

d）如有需要可取下智能终端背板光纤。

缺陷处理后传动试验时：

a）退出220kV第一套母线保护内运行间隔GOOSE出口软压板、失灵联跳软压板，放上该母线保护检修压板；

b）放上该间隔第一套线路保护检修压板；

c）如有需要可取下该间隔第一套线路保护至线路对侧纵联光纤、解开该智能终端至另外一套智能终端闭锁重合闸二次回路；

d）本安全措施方案可传动至该间隔智能终端出口，如有必要可停役一次设备做完整的整组传动试验。

二、110kV线路保护二次安全防范技术实施细则

（1）一次设备停电情况下，110kV线路保护检修校验。

1）采用电子式互感器。

a）线路保护及线路保护智能终端均投入检修压板；

b）线路保护背板SV输入光纤取下。

2）采用传统互感器。不带合并单元做试验时，同电子式互感器。带合并单元加量做试验时：

a）母线保护退出本间隔SV接收压板；

b）合并单元、线路保护及线路保护智能终端均投入检修压板；

c）在合并单元端子排将TA和TV做措施。

（2）一次设备停电情况下，110kV线路保护处理缺陷。

1）合并单元缺陷。缺陷合并单元对应的母线保护把本间隔投入软压板退出。

注：安全措施涉及在运行设备上做措施。

2）线路保护装置缺陷，需做保护功能试验。缺陷线路保护背板SV、GOOSE光纤全部取下。

3）智能终端缺陷。缺陷智能终端背板GOOSE光纤全部取下。

注：会造成线路保护、母线保护、测控装置告警。

【典型案例】

一、案例一：保护装置内部通信问题

1. 案例描述

某日，变电站后台监控系统“113 纵联差动保护动作”“2 号主变压器保护 A 中压侧后备保护动作”“2 号主变压器保护 B 中压侧后备保护动作”“101 间隔事故总”光字牌亮，102 断路器变位并有告警声响，但是 113 断路器仍然处于合位。运行人员初步判断 113 保护动作但断路器仍然合位。2 号主变压器保护动作跳开 102 断路器，保护动作行为存在异常。

二次运检人员到站后，调取了监控系统在故障时间段内的所有监控信息、事故顺序记录、113 线路保护装置录波信息、2 号主变压器故障录波器录波信息。对比和整合录波信息发现，首先 110kV 113 间隔线路 A、B 相相间短路，113 线路保护装置动作，同时点亮跳闸灯。但由于某种原因，113 断路器并未跳开，由 2 号主变压器中压侧后备保护动作跳开受总 102 断路器切除故障，同时，110-5 母线失压。

2. 原因分析

2 号主变压器两套保护均配置电流差动主保护和各侧后备保护，由于两套主变压器保护装置定值相同，动作行为也完全相同，故接下来的分析过程统一表述为主变压器保护。2 号主变压器中压侧后备保护负压闭锁过电流 n 段定值为 0.85A、1s。113 线路保护装置的纵联电流差动保护定值 0.6A。

从事故经过中不难看出，113 保护装置动作（保护装置跳闸灯点亮）而断路器未跳开是造成事故扩大的主要原因。智能终端并未出口（跳闸灯不亮），则可以推断事故原因有如下几种可能：

(1) 保护装置虽然动作但是并未发出跳闸 GOOSE（面对通用对象的变电站事件）报文。

(2) 保护装置动作并发出了跳闸 GOOSE 报文，本间隔智能终端并未收到保护跳闸 GOOSE 报文。

（3）保护装置动作并发出了跳闸 GOOSE 报文，本间隔智能终端收到 GOOSE 报文，但并未出口。

113 线路保护跳闸报文采用网络方式，为了判断究竟是哪一种情况造成的断路器未跳开，调取了事故发生前后网络报文分析仪中记录的报文。仔细分析后发现，尽管事故发生后保护装置跳闸灯点亮，但是并没有跳闸 GOOSE 报文送出，问题锁定在 113 线路保护装置。经查，该型号 110kV 线路保护装置跳闸步骤为：

（1）启动 CPU 发现当前系统故障后，将动作行为通过高速串行总线实时地传送给保护 CPU。

（2）保护 CPU 在满足动作判据后，将启动信号和保护动作信号一起写入 GOOSE 报文中。

（3）通信控制单元将保护跳闸 GOOSE 报文调制后经网络通道发送给智能终端。

将装置拆到制造厂家实验室，经多次实验，最终确定保护 CRJ 与启动 CPU 之间的高速串口通信处理芯片工作性能不稳定，导致保护 CRJ 和启动 CPU 无法进行正常的数据交互。

给保护装置通入故障量，模拟保护启动 200 次，发现保护 CPU 与启动 CPU 之间的高速串口通信中断了 7 次。在本次事故中，当 113 线路故障时，虽然启动 CPU 正确动作，但是保护 CPU 无法接收正确的保护启动信息，也就没有发出保护跳闸 GOOSE 报文，导致本间隔线路断路器未跳开，引起保护越级动作。根据网络分析仪记录的报文及故障录波器记录信息，确认 2 号主变压器保护动作行为完全正确。

3. 防控措施

在找到问题根本原因后，做出如下改进：

（1）升级保护装置程序。令保护装置自动监测内部通信状态，当发现通信状态异常时，立即复位该通道，保证数据正确传输。

（2）增加“同步串口通信异常”告警信息，并通过 MMS 网络将该信息接入后台监控系统，以便运维人员监测保护装置的运行情况。

（3）督促制造厂家改进保护装置软硬件设计。对站内其他 11 回线路的同型号保护装置，进行了程序升级和增加保护告警信息的工作，从而避免再次发生类似事故。

二、案例二：运动配置错误，导致误发信号。

1. 案例描述

如图 4-34 所示，220kV 某变电站运行人员拉开宾塘 2Q20 线开关后监控报宾塘 2Q20 线第二套保护 A 相跳闸出口、宾塘 2Q20 线第二套保护 B 相跳闸出口、宾塘 2Q20 线第二套保护 C 相跳闸出口信号，现场检查后台无该信号，保护装置也无跳闸信号，该信号为误发信号。

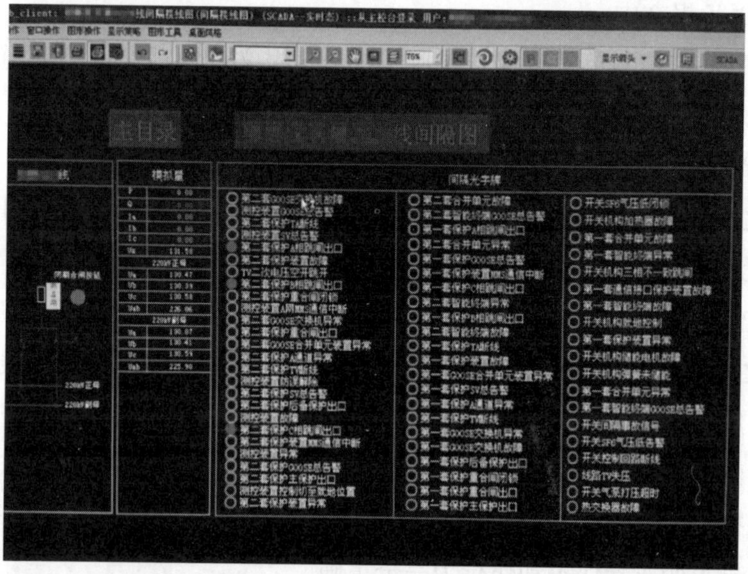

图 4-34 监控误发信

2. 原因分析

现场检查 220kV 某变电站远动配置发现，宾塘 2Q20 线分相跳闸出口信号错误关联成开关位置信号，如图 4-35 所示。厂家更换远动配置后，如图 4-36 所示，信号恢复正常。

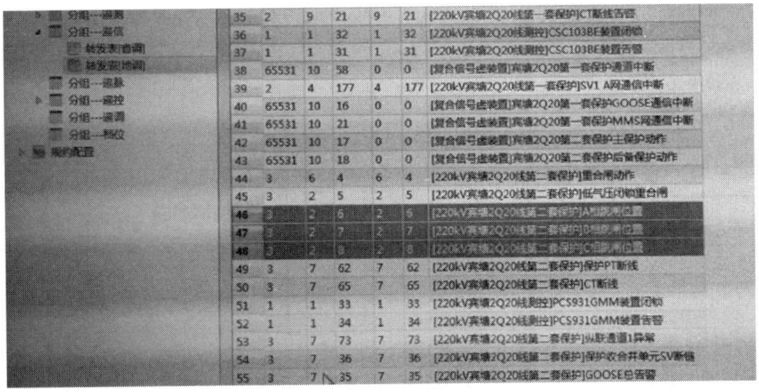

图 4-35　更改前远动配置

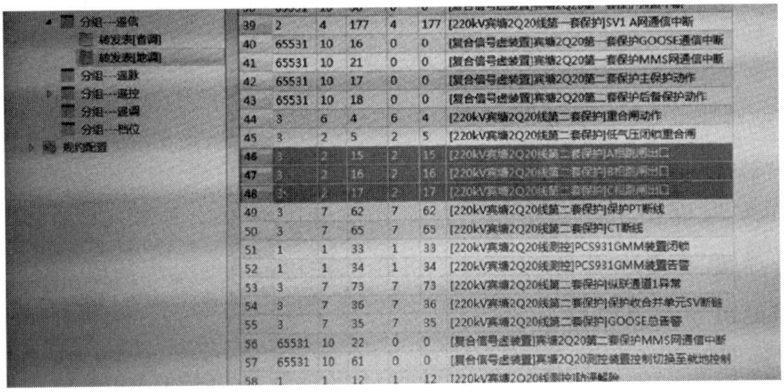

图 4-36　更换后远动配置

任务八　母联保护二次安防技术

【任务描述】 本任务主要讲解智能变电站中母联保护相关的安防技术。通过概念讲述、方法讲解、案例分析等方式，熟悉母联保护二次安防实施过程的重点，掌握母联保护二次安防的实施方法。

【知识要点】

以 220kV 母联间隔第一套母联保护为例，其典型配置以及与其他保护装置的网络联系示意如图 4-37 所示。

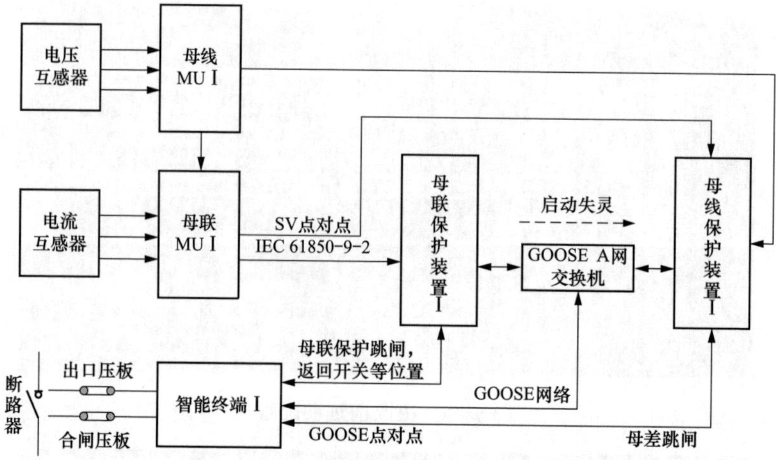

图 4-37 220kV 母联保护典型配置与网络联系示意

【技能要领】

220kV 联保护二次安全防范技术实施细则：

（1）母联开关在检修位置时，母联保护检修校验。

1）采用子式互感器。

a）母联保护及母联保护智能终端均投入检修压板；

b）母线保护退出 GOOSE 启动失灵接收软压板；

c）母联保护背板 SV 输入光纤取下。

注：安全措施 b）涉及在运行设备上做措施，目的在于防止母联保护传动时误启失灵。

2）采用传统互感器。不带合并单元做试验时，同电子式互感器。带合并单元加量做试验时：

a）母线保护退出本间隔 SV 接收压板；

b）母线保护退出 GOOSE 启动失灵接收软压板；

c）合并单元、母联保护及母联保护智能终端均投入检修压板；

d）在合并单元端子排将 TA 和 TV 回路打开。

注：安全措施 a）、b）涉及在运行设备上做措施；安全措施 b）的目的在于防止母联保护传动时误启失灵。

（2）母联开关在运行位置时，母联保护处理缺陷。

1）合并单元缺陷。

a）缺陷合并单元对应母联保护功能退出；

b）缺陷合并单元对应母线保护整体退出。

2）母联保护装置缺陷，需做保护功能试验。缺陷母联保护背板 SV、GOOSE 光纤取下。

注：对应运行母线保护告警，可采取母线保护退出母联 GOOSE 启动失灵接收软压板的方法使告警消失，处理完毕后注意恢复措施；对应智能终端告警不必采取措施。

3）智能终端缺陷。

a）缺陷智能终端的保护跳合闸出口硬压板退出；

b）缺陷智能终端背板 GOOSE 光纤全部取下。

注：会造成对应运行母线保护告警。

【典型案例】

案例：母联保护启动失灵回路测试

1. 案例描述

二次工作人员协同厂家技术人员对某智能变电站 220kV 母联保护启动失灵回路进行测试，相关设备基本配置情况见表 4-3～表 4-5。

表 4-3　　220kV 母联第一套保护虚端子配置表

数据引用名	数据描述	设计描述	接收对象	开入量
PI/PTRC2. Tr. general	充电过电流跳闸 2	220kV 母联Ⅰ启动失灵	220kV 母线保护 1	开入 1

表 4-4　　220kV 母差第一套保护开入量配置表

开入量	名称
开入 1	母联失灵启动
开入 2	母联失灵启动 TA
开入 3	母联失灵启动 TB
开入 4	母联失灵启动 TC
开入 5	母联失灵启动 ST

表 4-5　　改进后的 220kV 母联第一套保护启动失灵虚端子配置

数据引用名	数据描述	设计描述	接收对象	开入量
PI/PTRC2. Tr. general	充电过电流跳闸 2	220kV 母联 I 启动失灵	220kV 母线保护 1	开入 5

对 220kV 母联保护 I 屏进行开出测试，进行充电过电流跳闸 2（母联启动失灵）开出，220kV 母差 I 屏装置显示表 4-4 中开入 1 母联失灵启动变位，但表 4-4 中开入 2 母联失灵启动 TA、开入 3 母联失灵启动 TB、开入 4 母联失灵启动 TC、开入 5 母联失灵启动 ST 均未变位，符合虚端子设计逻辑。当失灵开入有效，失灵电流元件和失灵电压元件均开放时，220kV 母联保护装置说明书回路逻辑如下：①经失灵保护 1 时限延时后失灵条件仍满足，则失灵保护跳开母联、分段断路器；②经失灵保护 2 时限延时后失灵条件仍满足，则失灵保护跳开与失灵支路处于同一母线上的所有支路断路器。对 220kV 母联启动失灵回路进行测试：①投入 220kV 母联保护屏 GOOSE 软压板，充电过电流跳闸 2（母联启动失灵）；②投入 220kV 母差失灵保护 I 屏功能软压板失灵保护功能软压板，220kV 母联 MU 投入软压板；③加入动作电流使 220kV 母联充电保护动作，充电过流跳闸 2 出口，220kV 母差 I 屏接收到开入变位母联失灵启动。同时加入上述逻辑中三相启动失灵动作电流，满足电压开放条件，装置没有动作。母联保护启动失灵回路功能无法实现。

2. 原因分析

由厂家原理图可知，开入 2～5 均为保护逻辑中的启动失灵开入触点，而开入 1 不是保护逻辑中的启动失灵开入触点。

3. 防控措施

对母联失灵虚端子回路进行设计更改：将 220kV 母联保护 I 屏充电过电流跳闸 2 虚端子连接至开入 5 母联启动失灵 ST，经验证可实现 220kV 母联启动失灵回路功能。

任务九　母线保护二次安防技术

【任务描述】 本任务主要讲解智能变电站中母线保护相关的安防技术。通过概念讲述、方法讲解、案例分析等方式，熟悉母线保护二次安防实施过程的重点，掌握220kV及110kV母线保护二次安防的实施方法。

【知识要点】

一、220kV母线保护典型配置和网络联系

以220kV母线间隔第一套母线保护为例，其典型配置以及与其他保护装置的网络联系示意如图4-38所示。

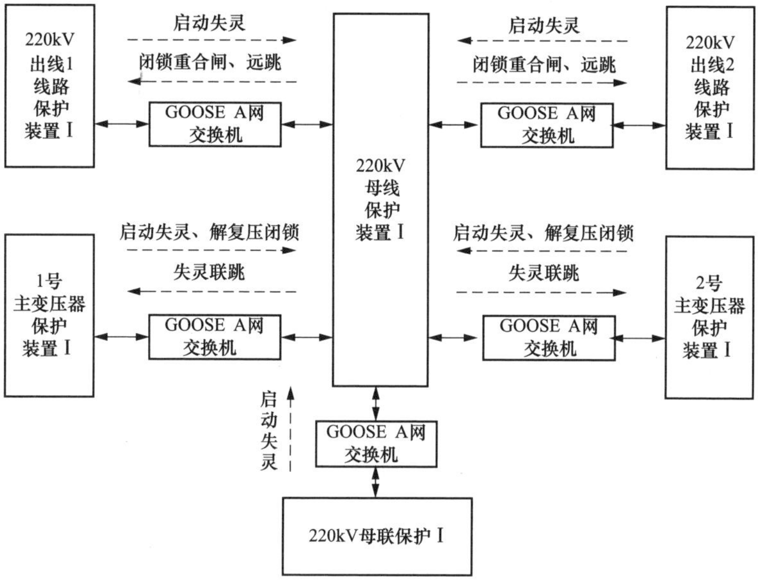

图4-38　220kV母线保护典型配置与网络联系示意

二、110kV母线保护典型配置和网络联系

110kV母线保护典型配置以及与其他保护装置的网络联系示意如图4-39所示。

【技能要领】

一、220kV母线保护二次安全防范技术实施细则

（1）一次设备不停电情况下，220kV母线保护检修校验。

1）母线保护投入检修压板。

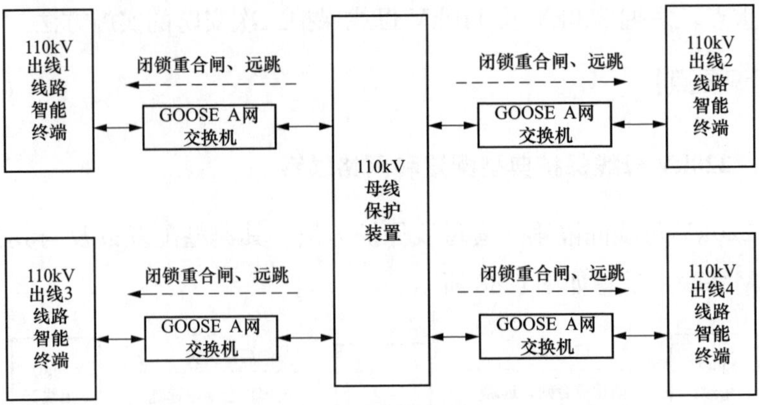

图 4-39 110kV 母线保护典型配置与网络联系示意

2）退出母线保护所有运行间隔的 GOOSE 发送软压板，包括母联 GOOSE 发送、主变压器 GOOSE 发送、线路 GOOSE 发送、对应主变压器失灵联跳、Ⅰ母线动出口、Ⅱ母线动出口等软压板。

3）对应主变压器退失灵联跳 GOOSE 接收软压板。

4）仅将需要的母线保护背板 SV 输入光纤取下，其余间隔 SV 接收压板退出。

注：安全措施 2）会导致母线保护跳各间隔以及与线路保护、变压器保护间的联跳、联闭锁逻辑无法验证，建议不做；安全措施 3）涉及在运行设备上做措施；按“六统一”要求，线路保护不设 GOOSE 接收压板，因此没有对应 3）的项目。

（2）一次设备不停电情况下，220kV 母线保护处理缺陷。只考虑母线保护缺陷，需做保护功能试验的情况：将母线保护背板所有 SV、GOOSE 光纤取下。

注：会造成接收母线 GOOSE 信息的间隔保护（包括线路、母联、主变压器等）告警。

二、110kV 母线保护二次安全防范技术实施细则

（1）一次设备不停电情况下，110kV 母线保护检修校验。

1）母线保护投入检修压板。

2）退出母线保护所有运行间隔的 GOOSE 发送软压板，包括母联 GOOSE 发送、主变压器 GOOSE 发送、线路 GOOSE 发送、I 母线动出口、II 母线动出口等软压板。

3）进行母线保护加量试验时，仅将需要的母线保护背板 SV 输入光纤取下，其余间隔 SV 接收压板退出。

注：实施 2）会导致母线保护跳各间隔以及与线路保护、变压器保护间的联闭锁逻辑无法验证，建议不做。

（2）一次设备不停电情况下，110kV 母线保护处理缺陷。将母线保护背板所有 SV、GOOSE 光纤取下。

注：会造成接收母线 GOOSE 信息的 110kV 线路智能终端告警。

【典型案例】

1. 案例描述

某日，该站变电站监控系统“110kV 母差保护动作”光字牌亮；110kV4 母线所带线路“111 事故总”“113 事故总”“115 事故总”“117 事故总”“119 事故总”“121 事故总”“101 事故总”光字牌亮，并伴随上述间隔开关变位和告警声响。运行人员到站内检查发现，一次设备无损坏，无放电痕迹，调查方向转向二次设备。二次运检人员到站后，调取了监控系统在故障时间段内的所有监控信息、事故顺序记录、110kV 母差保护动作记录及故障录波器录波信息。对比、整合录波信息发现，母差保护差流为 1.31A，大于母差保护动作定值（1.2A），母差保护动作切除 110kV4 母线上所有元件。据此判断，母差保护动作行为正确。

2. 原因分析

一次设备无异常，而母差保护存在超过定值的差流，显然还存在未查明的根本原因。由于母差保护存在差流，所以二次运检人员重点检查保护装置模拟量采样是否正常。当检查站内网络报文分析仪的 SV 采样报文时，发现 1 号主变压器 110kV 侧受总断路器 101 的模拟量采样报文存在削顶现象。同时，后台监控系统“101 间隔合并单元取能电源切换”告警信息在故障前后频繁动作。调阅101间隔遥测曲线，证实当时一次负荷维持在额定值的20%上下。二次运检人员结合现场实际情况并与设备厂家研发人员充分沟通后，初步判断母差保护误动作是由于101间隔模拟量采样异常（存在削顶）造成的。模拟量采样异常是由于电子式电流互感器模拟量采集设备供能电源频繁切换引起A/D转换芯片的基准电压不稳定造成的。因为A/D转换的基准电压是供能电源切换后的电压，当供能电源频繁切换而不稳定时，基准电压也随之波动。经过实验室实验证实。频繁切换模拟量采集设备供能电源，设备输出的采样波形出现波动、削顶，进而引起母差保护动作出口。

3. 防范措施

本次保护误动的根本原因是硬件电路本身设计缺陷，造成当电子式电流互感器供能电源频繁切换时，引起A/D转换的基准电压波动从而导致模拟量采样异常。需要联系厂家对硬件进行修改。

任务十　备用电流自动投入装置二次安防技术

》【任务描述】 本任务主要讲解智能变电站中备用电流自动投入装置（简称备自投装置）相关的安防技术。通过概念讲述、方法讲解、案例分析等方式，熟悉备自投装置二次安防实施过程的重点，掌握备自投装置二次安防的实施方法。

》【知识要点】

以110kV备自投装置为例，其典型配置以及与其他保护装置的网络联系示意如图4-40所示。

》【技能要领】

备自投装置二次安全防范技术实施细则：

(1) 一次设备部分停电情况下（一台变压器和分段开关停电，另一台变压器运行），备自投装置检修校验。

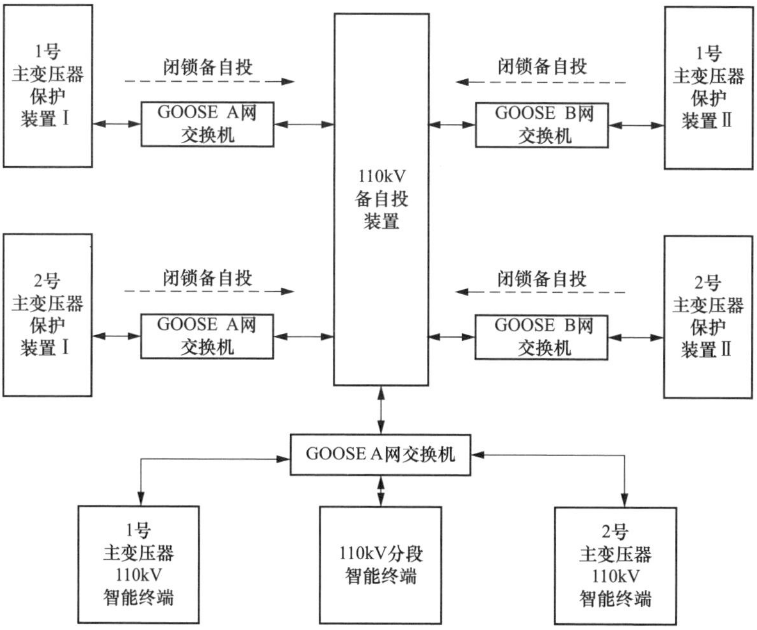

图 4-40　110kV 备自投装置典型配置与网络联系示意

1）采用电子式互感器。

a）备自投装置及智能终端、主变压器受总对应的智能终端均投入检修压板；

b）备自投装置背板 SV 输入光纤取下。

注：35kV 备自投不配置智能终端，参照执行。

2）采用传统互感器。不带合并单元做试验时，同电子式互感器。带合并单元加量做实验时：

a）110kV 母线保护退出主变压器 110kV 开关、分段间隔投入压板；

b）主变压器保护、主变压器 110kV 开关合并单元及智能终端、备自投装置、备自投合并单元及智能终端均投入检修压板；

c）在合并单元端子排将 TA 和 TV 回路打开。

注：35kV 备自投不配置智能终端，参照执行。

（2）一次设备不停电（两台变压器运行，分段开关停用）情况下，备自投装置检修校验。

1）备自投装置背板 SV、GOOSE 光纤全部取下（至分段开关智能终端除外）；

2）传动主变压器后备过流保护闭锁备自投时，将备自投装置背板 GOOSE 组网光纤恢复，两套主变压器保护分别投检修压板，备自投装置投检修压板。

（3）备自投装置处理缺陷。

1）分段开关合并单元缺陷。缺陷合并单元对应的母线保护退出本间隔投入软压板。

注：防止母线保护闭锁、告警，不影响母线保护运行。

2）备自投装置缺陷。一次设备部分停电情况下（一台变压器和分段开关停电，另一台变压器运行），需做功能试验时，同（1）。一次设备不停电（两台变压器运行，分段开关停用）情况下，需做功能试验时，同（2）。

3）分段开关智能终端缺陷。一次设备不停电（二台变压器运行，分段开关停用）情况下：

a）缺陷智能终端背板 GOOSE 光纤全部取下；

b）备自投装置投检修压板。

【典型案例】

1. 案例描述

2019 年 7 月 2 日，某变电站 1 号主变压器间隔年检，在进行 110kV 备用电源自投装置检无压计时器重新计时反措试验时发现，备自投设备在母线失电压，备自投启动后，如将母线电压短暂恢复后再次消失，设备不会重新计时，直接按照整定的检无压延时 5s 动作，如图 4-41 和图 4-42 所示。

2. 原因分析

此备自投设备由于版本老旧，没有进行相应的反措改造，其检无压部分没有重新计时的功能。备自投装置分布于多个电压等级中，为满足层级配合要求，需对各级备自投系统动作时间进行整定，通常设定为上级备自投系统优先动作。当线路发生永久性故障后，线路跳闸后重合于故障加速

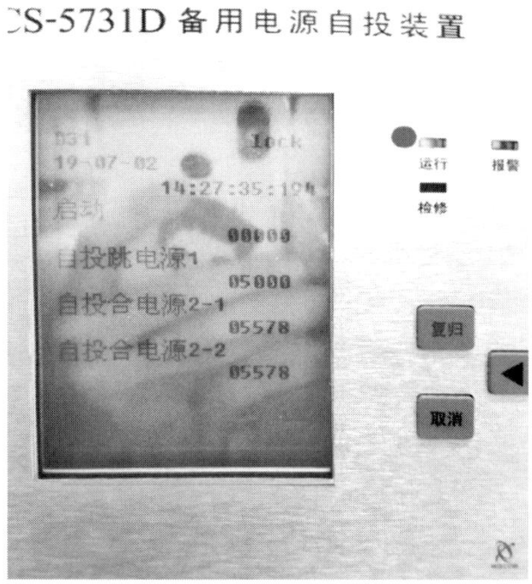

图 4-41 110kV 备自投设备动作报文

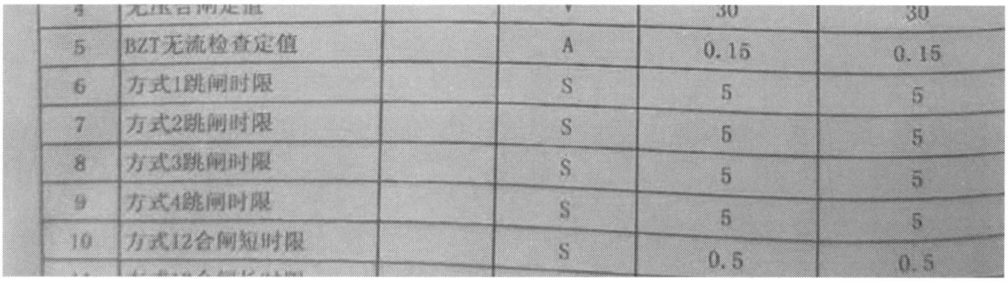

4	无压合闸定值		[illegible]	30	30
5	BZT无流检查定值		A	0.15	0.15
6	方式1跳闸时限		S	5	5
7	方式2跳闸时限		S	5	5
8	方式3跳闸时限		S	5	5
9	方式4跳闸时限		S	5	5
10	方式12合闸短时限		S	0.5	0.5

图 4-42 110kV 备自投定定值单

跳闸，母线电压经历了失电压、恢复、再失电压的过程。如果上下级备自投装置的计时逻辑不同，上级备自投电压恢复后继续计时而下级备自投装置重新计时，则可能导致备自投配合失败，引起误动作。该变电站 10kV 备自投跳闸时限为 7s，110kV 备自投跳闸时限为 5s，计及合闸时间 0.5s，在线路重合闸时存在配合失败的风险。

3. 防控措施

更新备自投软件程序或直接更换 CPU 板进行升级。

项目五

网安设备与监测装置安全防范技术

》【项目描述】 本项目介绍网络设备与网络安全监测装置原理及配置过程。通过概念描述、配置详解，了解电力监控系统安全防护整体布置策略，掌握各类装置的有效配置方法。

任务一　数据网设备账户与口令策略

》【任务描述】 本任务主要讲解数据网设备账户与口令策略。通过要求说明及操作演示，了解数据网设备的管理要求，掌握数据网设备的账户管理配置。

》【知识要点】

一、交换机视图

(1) 用户视图。启动交换机的第一个看到的视图，其表示方式为<LMJC>，在用户视图下可以查询交换机的基础信息（如版本号），如图 5-1 所示。

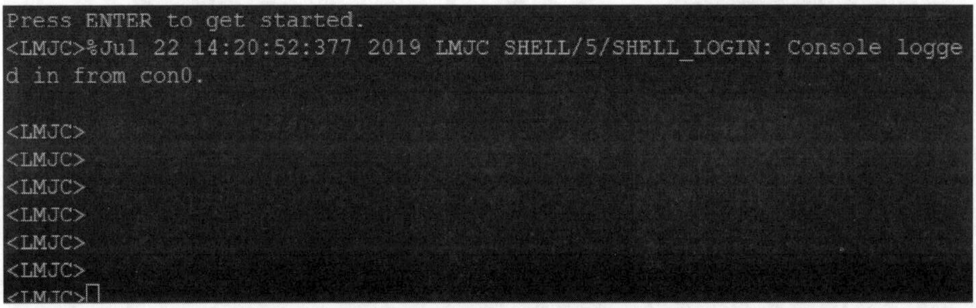

图 5-1　交换机用户视图

(2) 系统视图。在用户视图下输入“system-view”（或简写 sys），进入系统视图下，其表示方式为［LMJC］，在系统视图下可以进一步查看交换机的配置信息和调试信息，还可以进入具体的配置视图下进行参数的配置，如图 5-2 所示。

图 5-2　交换机系统视图

（3）以太网端口视图。在系统视图下输入 interface 命令可以是入以太网端口视图，如在［LMJC］输入“interface g1/0/1”（或简写 int g1/0/1），就进入了该交换机的第一个端口，如图 5-3 所示。

图 5-3　交换机以太网端口视图

（4）VLAN 视图。在系统视图下输入“vlan 220”就可以进入 VLAN 视图，主要完成对 VLAN 的配置，如图 5-4 所示。

图 5-4　交换机 VLAN 视图

二、接口类型

（1）Console 口。通过专门的 Console 线连接至配置方计算机的串行口进行本地登录是登录交换机的最基本的方式，也是配置通过其他方式登录交换机的基础。

（2）AUX 端口为异步端口，主要用于远程配置，也可用于拨号连接，还可通过收发器与 MODEM 进行连接，支持硬件流控制（Hardware Flow Control）。AUX 端口与 Console 端口通常被放置在一起，但是它们各自所适用的配置环境不一样。

（3）VTY 端口为虚拟终端连接，远程用户通过 telnet 或 ssh 等协议登录后，会占用 VTY 的一个进程，而登录信息的验证方式配置在 vty 中。如 vty 0 4 后边的“0”“4”代表 0-4 个用户也就 5 个用户。

三、账号权限

（1）访问级（0 级）。用于网络诊断等功能的命令。包括 ping、tracert、telnet 等命令，执行该级别命令的结果不能被保存到配置文件中。默认设置为访问级。

（2）监控级（1 级）。用于系统维护、业务故障诊断等功能的命令。包括 debugging、terminal 等命令，执行该级别命令的结果不能被保存到配置文件中。

（3）系统级（2 级）。用于业务配置的命令。包括路由等网络层次的命令，用于向用户提供网络服务。

（4）管理级（3 级）。关系到系统的基本运行、系统支撑模块功能的命令，这些命令对业务提供支撑作用。包括文件系统、FTP、TFTP、XModem 下载、用户管理命令、级别设置命令等。

【技能要领】

一、账户配置管理

（1）应按照用户分配账号，避免不同用户间共享账号，避免用户账号和设备间通信使用的账号共享。

aaa

local-user admin1 password cipher XXX

local-user admin1 service-type ssh

local-user admin2 password cipher XXX

local-user admin2 service-type ftp

#

user-interface vty 0 4

authentication-mode aaa

(2) 网络设备命令级别共分为访问、监控、系统、管理 4 个级别，分别对应标识 0、1、2、3。配置登录默认级别为访问级 (0-VISIT)。

user-interface vty 0 4

user privilege level 0

user-interface aux 0 8

user privilege level 0

二、口令配置管理

(1) 通过控制台和远程终端，需要密码才能登录。口令长度至少 8 位，并应包括数字、小写字母、大写字母和特殊符号四类中至少两类。密码应定期进行更换 (更新周期不大于 90 天)，且在过期之前 7 天提醒用户。

password-control enable

password-control length 8

password-control composition type-number 2

password-control aging 90

password-control alert-before-expire 7

(2) 用户可以无条件切换到比当前低的用户级别，但是当使用 AUX 或 VTY 用户界面登录，并且从低级别往高级别切换时，需要输入级别切换密码 (级别切换密码可以通过 super password 命令设置)。如果输入的密码错误或者没有配置级别切换密码，切换操作就会失败。因此，在进行切换操作前，应先配置级别切换密码。

super password level 1 cipher XXX

super password level 2 cipher XXX

super password level 3 cipher XXX

三、口令安全策略

（1）配置定时账号自动退出，退出后用户需再次登录才能进入系统。设置超时时间为5min。

user-interface console 0

idle-timeout 5 0

user-interface vty 0 4

idle-timeout 5 0

user-interface aux 0

idle-timeout 5 0

（2）配置用户3次登录失败后就永久禁止该用户登录。

password-control login-attempt 3 exceed lock

任务二　数据网设备SNMP协议配置

【任务描述】 本任务主要讲解数据网设备SNMP协议。通过要求说明及操作演示，了解数据网设备的管理要求，掌握数据网设备的SNMP管理配置。

【知识要点】

SNMP（simple network management protocol，简单网络管理协议）属于TCP/IP五层协议中的应用层协议，是一种用于网络管理的协议，为不同种类、不同厂家生产、不同型号的设备，定义为一个统一的接口和协议，使管理员可以使用统一的外观面对这些需要管理的网络设备并进行管理。通过网络，管理员可以管理位于不同物理空间的设备，从而大大提高网络管理的效率，简化网络管理员的工作。SNMP目前共有三个版本：

（1）SNMP v1。是 SNMP 协议的最初版本，不过依然是众多厂家实现 SNMP 基本方式。

（2）SNMP v2。通常被指是基于 community 的 SNMP V2，community 实质上就是密码。

（3）SNMP v3。是最新版本的 SNMP，对网络管理最大的贡献在于其安全性，增加了对认证和密文传输的支持。

【技能要领】

出于安全考虑，实际工程一般应用 V2、V3 版本。下面介绍 V2、V3 两个版本的必选配置（可选配置出于篇幅原因不介绍）。

一、SNMP V2 安全配置管理

（1）启动 SNMP Agent 服务。

snmp-agent

（2）设置团体名。

snmp-agent community {read | write} community-name [acl acl-number | mib-view view-name]

二、SNMP V3 安全配置管理

（1）启动 SNMP Agent 服务。

snmp-agent

（2）设置一个 SNMP 组。

snmp-agent group v3 group-name[authentication | privacy][read-view read-view][write-view write-view][notify-view notify-view][acl acl-number]

（3）为一个 SNMP 组添加一个新用户。

snmp-agent usm-user v3 user-name group-name[authentication-mode{md5 | sha } auth-password [privacy-mode { des56 | aes128 } priv-password]][acl acl-number]

任务三 数据网交换机 VLAN 划分

》【任务描述】 本任务主要讲解数据网交换机 VLAN 技术。通过要求说明及操作演示，了解数据网交换机 VLAN 技术相关知识，掌握 VLAN 的划分与配置方法。

》【知识要点】

VLAN（virtual local area network，虚拟局域网）技术的出现，主要为了解决交换机在进行局域网互连时无法限制广播的问题。这种技术可以把一个 LAN 划分成多个逻辑的 LAN——VLAN，每个 VLAN 是一个广播域，VLAN 内的主机间通信就和在一个 LAN 内一样，而 VLAN 间则不能直接互通，这样，广播报文被限制在一个 VLAN 内，如图 5-5 所示。

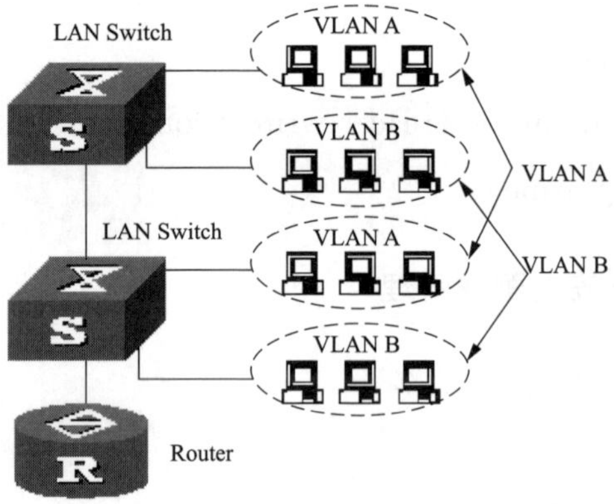

图 5-5 VLAN 示意

VLAN 的划分不受物理位置的限制：不在同一物理位置范围的主机可以属于同一个 VLAN；一个 VLAN 包含的用户可以连接在同一个交换机上，也可以跨越交换机，甚至可以跨越路由器。

VLAN 的优点如下：

（1）限制广播域。广播域被限制在一个 VLAN 内，节省了带宽，提高了网络处理能力。

（2）增强局域网的安全性。不同 VLAN 内的报文在传输时是相互隔离的，即一个 VLAN 内的用户不能和其他 VLAN 内的用户直接通信，如果不同 VLAN 要进行通信，需要通过路由器或三层交换机等三层设备。

（3）灵活构建虚拟工作组。用 VLAN 可以划分不同的用户到不同的工作组，同一工作组的用户也不必局限于某一固定的物理范围，网络构建和维护更方便灵活。

【技能要领】

一、配置 VLAN 基本属性

（1）创建 VLAN 并进入 VLAN 视图。

vlan vlan-id

（2）配置 VLAN 接口的 IP 地址。

ip address ip-address {mask | mask-length}

二、配置基于 Access 端口的 VLAN。

（1）创建 VLAN 并进入 VLAN 视图。

vlan vlan-id

（2）为指定的 VLAN 增加以太网端口。

port interface-list

或：

（1）进入以太网端口视图。

interface interface-type interface-number

（2）配置端口的链路类型为 Access 类型。

port link-type access

（3）将当前 Access 端口加入到指定 VLAN。

port access vlan vlan-id

三、配置基于 Trunk 端口的 VLAN

(1) 进入以太网端口视图。

interface interface-type interface-number

(2) 配置端口的链路类型为 Trunk 类型。

port link-type trunk

(3) 允许指定的 VLAN 通过当前 Trunk 端口。

port trunk permit vlan {vlan-id-list | all}

(4) 设置 Trunk 端口的缺省 VLAN。

port trunk pvid vlan vlan-id

任务四　数据网交换机端口安全

【任务描述】 本任务主要讲解数据网交换机端口安全技术。通过要求说明及操作演示，了解数据网交换机端口安全技术相关知识，掌握端口安全配置方法。

【知识要点】

在接口上激活 Port-Security 后，该接口就具有了一定的安全功能，例如能够限制接口（所连接的）的最大 MAC 数量，从而限制接入的主机用户；或限定接口所连接的特定 MAC，从而实现接入用户的限制。那么要执行过滤或者限制动作，就需要有依据，这个依据就是安全地址——secure MAC address。

安全地址表项可以通过让使用端口动态学习到的 MAC（SecureDynamic）或是手工在接口下进行配置（SecureConfigured），以及 sticky MAC address（SecureSticky）三种方式进行配置。将接口允许的 MAC 地址数量设置为 1 并且为接口设置一个安全地址时，这个接口将只为该 MAC 所属的 PC 服务，也就是源为该 MAC 的数据帧能够进入该接口。

当以下情况发生时，激活惩罚（violation）：

（1）当一个激活了 Port-Security 的接口上，MAC 地址数量已经达到了配置的最大安全地址数量，并且又收到了一个新的数据帧，而这个数据帧的源 MAC 并不在这些安全地址中，那么启动惩罚措施。

（2）当在一个 Port-Security 接口上配置了某个安全地址，而这个安全地址的 MAC 又企图在同 VLAN 的另一个 Port-Security 接口上接入时，启动惩罚措施。

【技能要领】

对交换机的端口进行安全配置可以控制用户的安全接入，主要分为两类：

（1）限制交换机端口的最大连接数；

（2）针对交换机端口进行 MAC 地址、IP 地址的绑定，可以有效防止 ARP 欺骗、IP/MAC 地址欺骗、IP 地址攻击等恶意行为。

port-security enable，启动端口安全功能；

interface Ethernet 1/0/1，进入接口视图；

port-security max-mac-count count-number，设置端口允许接入的最大 MAC 地址数；

mac-address security mac-address vlan vlan-id，将 MAC 地址视为安全并添加到 VLAN 中；

port-security intrusion-mode disableport-temporarily，设置触发特性为“暂时关闭该端口”；

port-security timer disableport time，设置关闭时间，单位为秒。

任务五　数据网交换机包过滤技术

【任务描述】 本任务主要讲解数据网交换机包过滤技术。通过要求说明及操作演示，了解数据网交换机包过滤技术相关知识，掌握包过滤配置方法。

【知识要点】

ACL（access control list，访问控制列表）是提供网络安全访问的基本手段，帮助用户定义一组权限规则，对于一组特定的数据定义“谁可以访问”“可以访问什么”“何时可以访问”等系列规则。按照规则功能的不同，ACL 被划分为基本 ACL、高级 ACL、二层 ACL 用户自定义 ACL 和用户 ACL 五种类型，区别如下：

（1）基本 ACL。仅使用报文的源 IP 地址、分片标记和时间段信息来定义规则，编号范围 2000～2999。

（2）高级 ACL。可使用报文的源 IP 地址，也可使用目的地址、IP 优先级、协议类型、源/目的端口号等来定义规则，编号范围 3000～3999。

（3）二层 ACL。可根据报文的以太网帧头信息来定义规则，如根据源 MAC 地址、目的 MAC 地址、以太帧协议类型等，编号范围 4000～4999。

（4）用户自定义 ACL。可根据报文偏移位置和偏移量来定义规则，编号范围 5000～5999。

（5）用户 ACL。即可使用 IPv4 报文的源 IP 地址或源 UCL 组，也可以使用目的地址或目的 UCL 组、协议类型、源/目的端口号等来定义规则，编号范围 6000～9999。

【技能要领】

（1）配置基本 ACL，禁止源 192.168.0.1 的报文通过。

acl number 2000

rule deny source 192.168.0.1 0

（2）高级 ACL。

acl number 3000

rule 10 deny tcp destination-port eq 135，禁止目的端口为 TCP135 的报文通过。

rule 20 deny udp destination-port eq 135，禁止目的端口为 UDP137、138、139 的报文通过。

rule 100 permit ip，这里还有两个常用的参数：logging，匹配到这条规则就记入日志；time-range，适用时间，在全局下定义 time-range。

(3) ACL 调用。

1) 二层接口下直接调用。

interface GigabitEthernet1/0/17

packet-filter 3000 inbound，在接口的流量入方向调用。

packet-filter 3000 outbound，在接口的流量出方向调用。

2) VLAN 下调用。

interface Vlan-interface 10

packet-filter 3000 inbound

packet-filter 3000 outbound

任务六 纵向加密认证装置

【任务描述】 本任务主要讲解纵向加密认证装置。通过要求说明及操作演示，了解纵向加密认证装置相关知识，掌握其配置方法。

【知识要点】

纵向加密认证是电力监控系统安全防护体系的纵向防线。采用认证、加密、访问控制等技术措施实现数据的远方安全传输以及纵向边界的安全防护。对于重点防护的调控中心、发电厂、变电站在生产控制大区与广域网的纵向连接处应当设置经过国家指定部门检测认证的电力专用纵向加密认证装置或者加密认证网关及相应措施，实现双向身份认证、数据加密和访问控制。安全接入区内纵向通信应当采用基于非对称密钥技术的单向认证等安全措施，重要业务可以采用双向认证。

【技能要领】

一、加密算法技术

1. 对称加密算法

纵向加密认证装置所采用的对称加密算法，主要分为电子密码本

(electronic code book，ECB) 算法模式和加密块链 (cipher block chaining，CBC) 算法模式。其中 ECB 模式用于纵向加密认证装置与管理中心之间数据的加解密，CBC 模式用于业务系统之间数据的加解密。

ECB 的原理是将加密的数据分成若干组，每组的大小与加密密钥长度相同，然后每组都用相同的密钥进行加密，如图 5-6 所示。

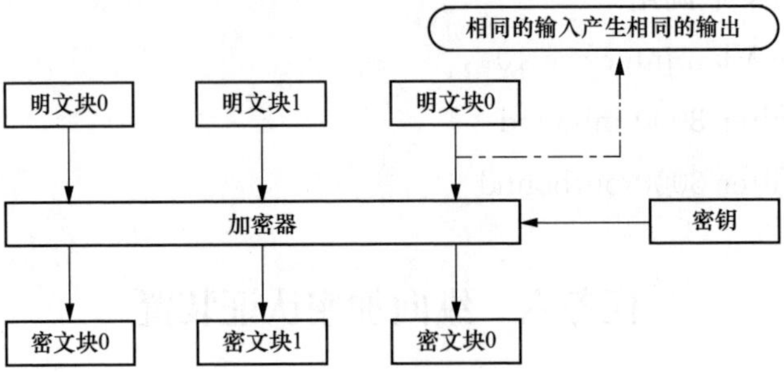

图 5-6 对称加密算法 ECB 模式

CBC 首先将明文分成固定长度的块，然后将前面一个加密块输出的密文与下一个要加密的明文块进行异或操作，再用将计算结果密钥进行加密得到密文。第一明文块加密时，因为前面没有加密的密文，所以需要一个初始化向量。与 ECB 模式不同，CBC 模式通过连接关系，使得密文跟明文不再是一一对应的关系，破解起来更困难，避免了 ECB 模式无法隐藏明文的弱点，如图 5-7 所示。

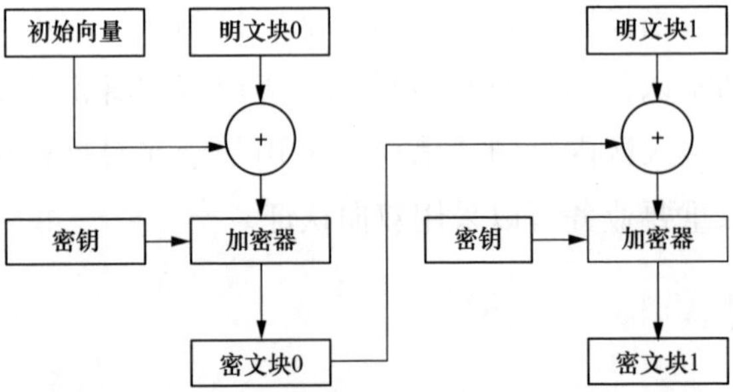

图 5-7 对称加密算法 CBC 模式

2. 非对称加密算法

纵向加密认证装置所采用的非对称加密算法主要为 RSA、SM2，其用于纵向加密认证装置之间的密钥协商。RSA 是目前国际应用较为广泛的公钥加密算法，SM2 是国家密码管理局发布的椭圆曲线公钥密码算法。随着密码技术的发展，有关部门提出需逐步采用 SM2 椭圆曲线算法代替 RSA 算法，满足密码产品国产化要求。RSA 与 SM2 算法比较见表 5-1。

表 5-1　　RSA 与 SM2 算法比较

比较项	RSA	SM2
标准规范	国际算法	国密算法
是否公开	是	是
安全性	中（2010 年后，1024 位的 RSA 被认为安全性不足）	高（SM2 强度比 2048 位的 RSA 更高）
运算速度	慢	比 1024 位的 RSA 快很多

二、数字证书系统

电力监控系统中使用的分布式数字证书认证体系和通用经典数字证书体系有所不同，通用经典数字证书体系适用于用户较多的共用系统，通过 RA（注册中心）实现 CA（认证中心）证书发放、管理的延伸功能，并提供 Web 服务供用户进行证书的在线签发操作，涉及部署 CA 服务器、RA 服务器、证书发布服务器等。考虑到电力调度数字证书系统的用户数量有限，为进一步提升密钥在签发过程中的安全性，电力调度数字证书系统省去了 OCSP（证书在线认证）环节，缩减了 RA 功能，并对其存储功能进行了优化。电力调度数字证书系统将需要的功能完全集成在一台设备中，通过单级、离线工作方式，实现 CA 认证中心的所有功能。证书管理及配置操作均以本机访问模式进行，不得以任何方式接入任何网络。电力调度数字证书架构如图 5-8 所示。

其中 CA 服务器是证书管理系统的核心部分，主要负责证书的签发/注销、证书的存储管理等。本地配置管理客户端是基于 JAVA 语言开发的 GUI 配置界面，实现管理员对证书录入、审核、签发的操作管理。根据相关要求，电力调度数字证书系统应统一规划信任体系，各级电力调度数字证书用于颁发本调控中心及调度对象相关人员、程序和设备证书，上下级电力调度数字证书系统应通过信任链构成认证体系，省级以上调控中心和有实际业务需要的地区调控中心应建立电力调度数字证书系统。目前电力系统数字证书通过证书信任链构成了三层树状逻辑结构，并已在地级以上调控中心建立了电力调度证书服务系统，如图 5-9 所示。

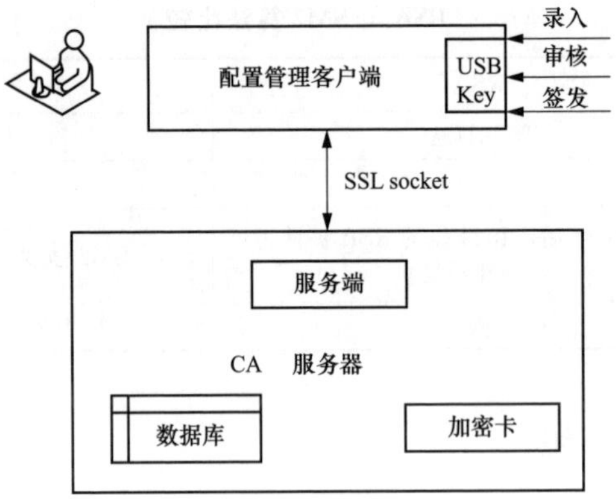

图 5-8 电力调度数字证书架构

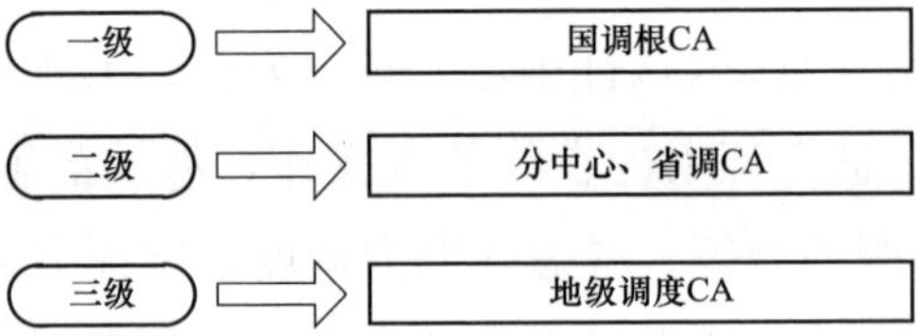

图 5-9 电力调度数字证书三级信任体系

第一级 CA 是国家电网公司自签名的国调根 CA，以此为依据为二级 CA 等签发根证书；第二级 CA 是由国调根 CA 签发的二级调度 CA，该级别 CA 应用于国网分中心及省级单位；第三级 CA 是由二级调度 CA 签发的三级调度 CA，该级别 CA 应用于地市级单位，是三级认证体系中最低级别的 CA。

电力调度数字证书自带标签管理程序，对当地的服务主体（服务请求者）和客体（服务提供者）进行安全标签管理。安全标签中包含：

（1）32 字节身份标签：包含行政编码、角色编码、应用编码和保留位。

（2）16 字节证书序列号：符合调度证书服务系统签发的证书序列号

编制。

(3) 8 字节有效期：表示安全标签的有效终止日期，应小于等于所对应数字证书的有效期。

(4) 128 字节签名：数字签名。

如图 5-10 所示，原文信息通过 Hash 算法进行加密压缩形成杂凑值，然后对杂凑值用公开密钥算法中的发送方私钥进行加密，形成数字签名，再发给接收方，接收方进行签名验证。

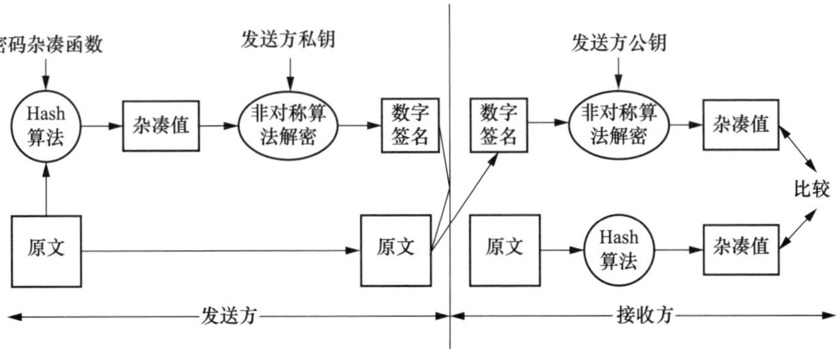

图 5-10 数字签名的生成及验证

签名验证是指接收方用发送方的公钥对数字签名进行验签，得出杂凑值，同时接收方用同一个 Hash 算法，对原文进行压缩计算，得到一新的杂凑值，再对两者进行比较的过程。

如图 5-11 所示，首先用户产生或向 CA 服务器申请用户密钥对，其中私钥安全保存，将公钥和相关用户信息进行哈希运算（sha-1、MD5、SM3），生成杂凑值。利用 CA 的私钥与已生成的杂凑值进行非对称算法加密，并生成有效的数字签名。该签名值与用户身份信息进行拼接，生成该用户的数字证书。由于在签名运算中，输入数据包括用户公钥、姓名等重要的用户信息，因此保证了生成的数字证书中各部分信息的真实有效。

三、明通模式配置

当对端通信节点没有部署加密网关时，可以采用明通模式。此时加密网关具备硬件防火墙的基本功能，只转发配置通信策略的报文实现报文过滤，但数据不能进行加密保护，明通网络拓扑如图 5-12 所示。

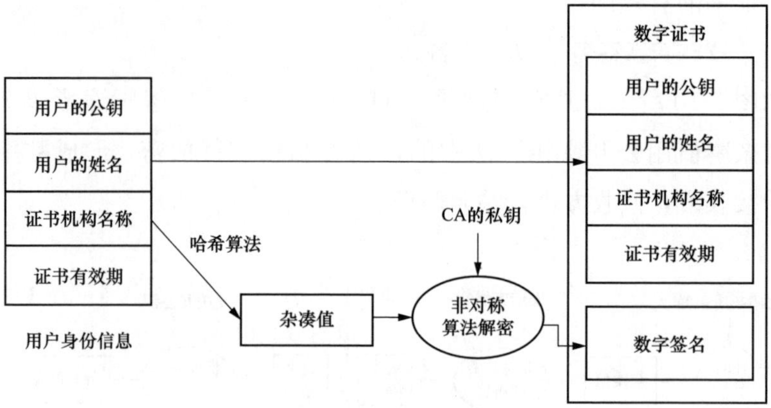

图 5-11　数字证书签发流程

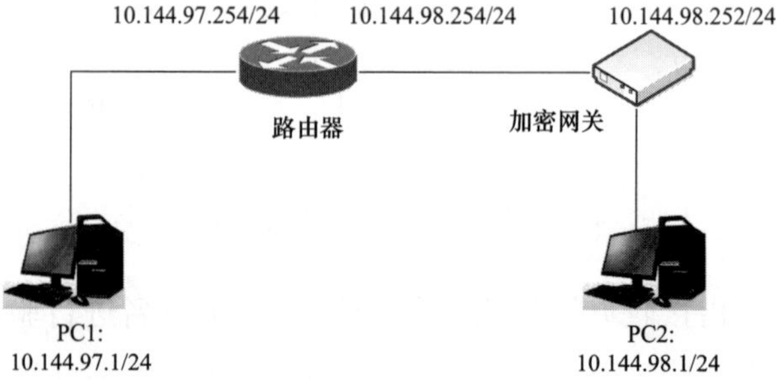

图 5-12　网络拓扑

（1）系统配置如图 5-13 所示。

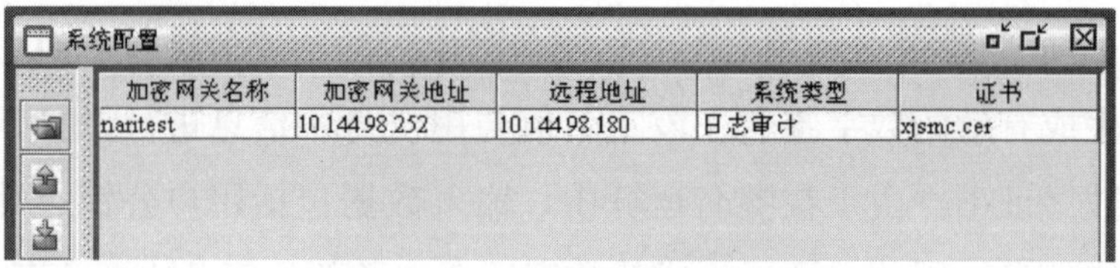

图 5-13　明通模式-系统配置

（2）网络配置如图 5-14 所示。

（3）路由配置如图 5-15 所示。

网络配置

网络接口	接口类型	IP地址	子网掩码	接口描述/桥...	VLAN ID
eth0	PRIVATE	10.144.98.252	255.255.255.0	private	0
eth1	PUBLIC	10.144.98.252	255.255.255.0	public	0

图 5-14 明通模式-网络配置

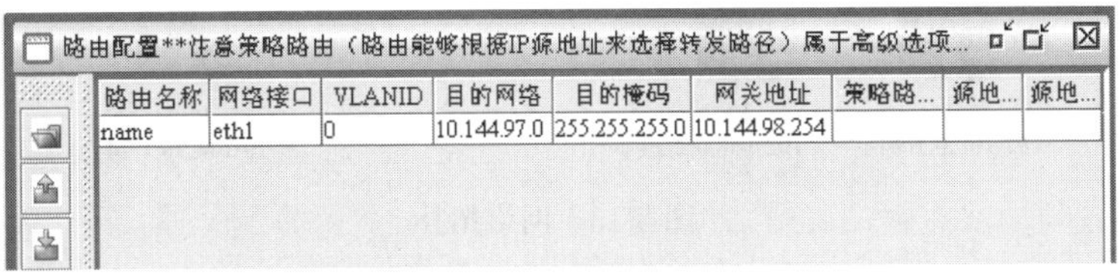

路由配置**注意策略路由（路由能够根据IP源地址来选择转发路径）属于高级选项...

路由名称	网络接口	VLANID	目的网络	目的掩码	网关地址	策略路...	源地...	源地...
name	eth1	0	10.144.97.0	255.255.255.0	10.144.98.254			

图 5-15 明通模式-路由配置

（4）隧道配置如图 5-16 所示。

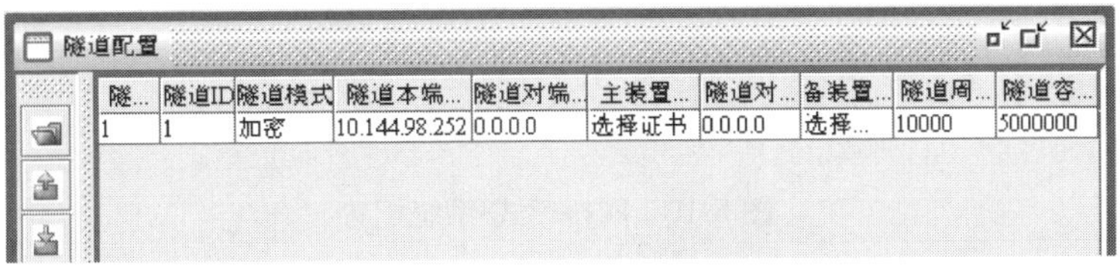

隧道配置

隧...	隧道ID	隧道模式	隧道本端...	隧道对端...	主装置...	隧道对...	备装置...	隧道周...	隧道容...
1	1	加密	10.144.98.252	0.0.0.0	选择证书	0.0.0.0	选择...	10000	5000000

图 5-16 明通模式-隧道配置

（5）策略信息配置如图 5-17 所示。

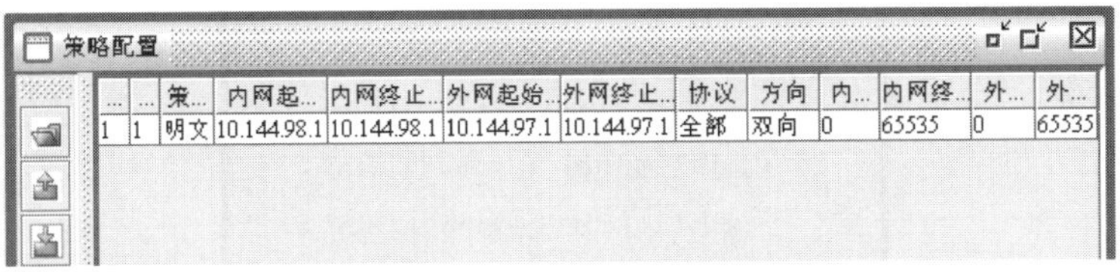

策略配置

...	...	策...	内网起...	内网终止...	外网起始...	外网终止...	协议	方向	内...	内网终...	外...	外...
1	1	明文	10.144.98.1	10.144.98.1	10.144.97.1	10.144.97.1	全部	双向	0	65535	0	65535

图 5-17 明通模式-策略配置

四、网桥模式配置

当加密网关具备多进多出功能时，需要对装置的网桥模式进行配置。典型拓扑如图 5-18 所示，假设加密网关 1 启动网桥功能，策略配置以加密网关 1 为例。

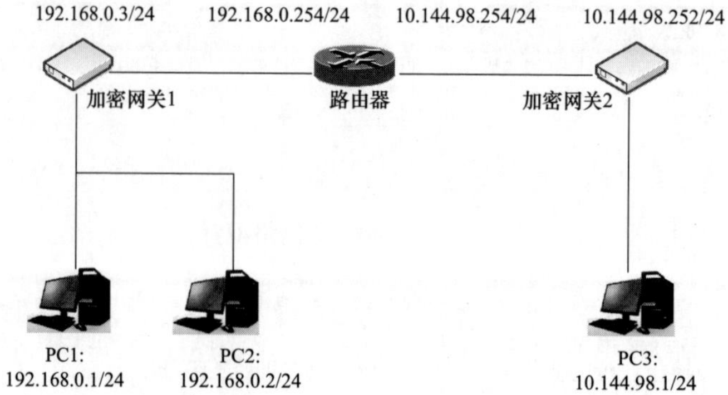

图 5-18　网络拓扑

（1）系统配置如图 5-19 所示。

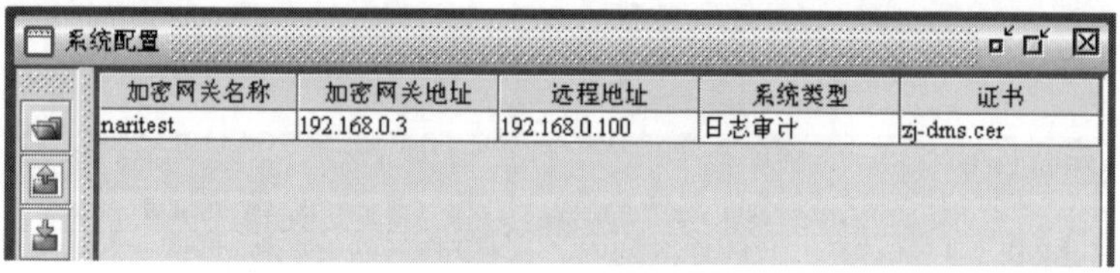

图 5-19　网桥模式-系统配置

（2）桥接配置如图 5-20 所示。

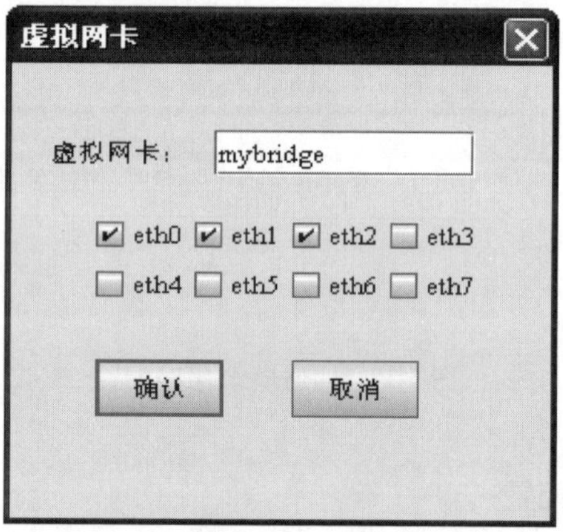

图 5-20　网桥模式-桥接接口配置

这里将装置的 eth0、eth1、eth2 划分在一个桥接组中，定义虚拟网卡名称为 mybridge，保存后的界面如图 5-21 所示，网卡 ID 是根据用户选择的各个网卡所得到的一个值。

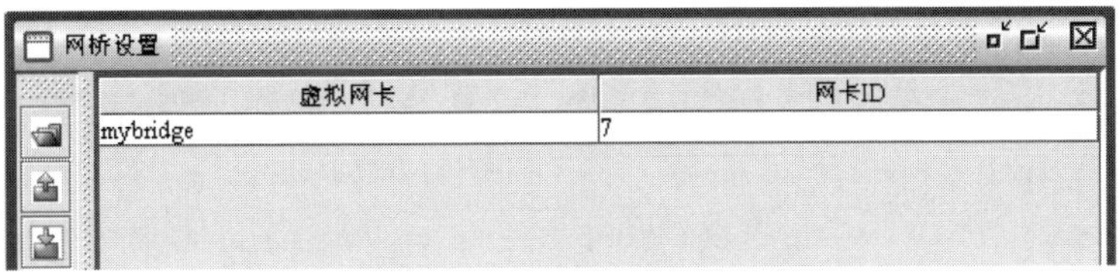

虚拟网卡	网卡ID
mybridge	7

图 5-21　网桥模式-网桥配置

（3）网络配置。先设置一个虚拟网络接口 eth0，接口类型为 PRIVATE，再设置两个虚拟网络接口 eth1、eth2，接口类型为 PUBLIC，这三个接口地址随意填；然后设置桥的网络接口，接口类型为 BRIDGE，接口描述为桥接配置中设置的虚拟网卡的名称 mybridge，将分配的 Ip 地址作为桥的 Ip 地址，具体配置界面如图 5-22 所示。

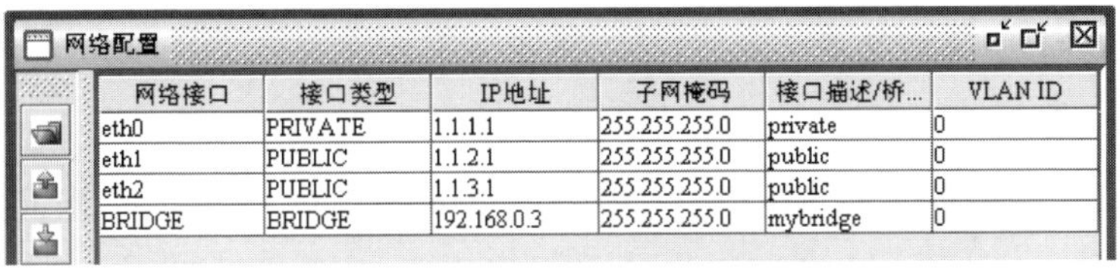

网络接口	接口类型	IP地址	子网掩码	接口描述/桥...	VLAN ID
eth0	PRIVATE	1.1.1.1	255.255.255.0	private	0
eth1	PUBLIC	1.1.2.1	255.255.255.0	public	0
eth2	PUBLIC	1.1.3.1	255.255.255.0	public	0
BRIDGE	BRIDGE	192.168.0.3	255.255.255.0	mybridge	0

图 5-22　网桥模式-网络配置

（4）路由配置如图 5-23 所示。

路由名称	网络接口	VL...	目的网络	目的掩码	网关地址	策略路...	源地址...	源地址...
wai	mybridge	0	10.144.98.0	255.255.255.0	192.168.0.254			

图 5-23　网桥模式-路由配置

路由网络接口需要手动双击该单元表格输入 mybridge 即定义的桥的名称，网关地址为 192.168.0.254（拓扑图中未标注），由路由器完成不同网段之间的数据转发。

（5）隧道配置如图 5-24 所示。

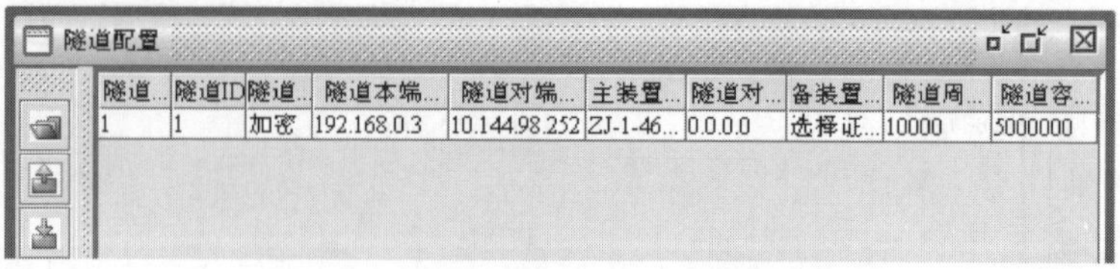

图 5-24 网桥模式-隧道配置

【典型案例】

一、纵向装置报“证书不存在”告警

1. 案例描述

某变电站实时纵向加密认证装置发出告警：隧道建立错误，本地隧道 *.*.81.124 与远端隧道 *.*.11.32 的证书不存在。

2. 原因分析

隧道本端地址 *.*.81.124 为该变电站实时纵向加密认证装置的地址，远端隧道 *.*.11.32 为地调主站侧实时纵向加密认证装置的地址。远端配置了本端证书及隧道，并发起协商报文，本端纵向加密认证装置收到了远端纵向加密认证装置的隧道协商报文，但由于本端没有导入对端装置的证书，导致本端纵向装置发出“证书不存在”告警。

3. 防控措施

检查证书配置，确保已经导入正确的对端装置证书。

二、纵向装置报“隧道没有配置”告警

1. 案例描述

某变电站实时纵向加密认证装置发出告警：隧道建立错误，本地隧道 *.*.68.28 与远端隧道 *.*.177.123 的隧道没有配置。

2. 原因分析

本端隧道 *.*.68.28 为该变电站实时纵向加密认证装置的地址，

远端隧道 *.*.177.123 为地调主站侧实时纵向加密认证装置的地址。*.*.68.28 的纵向加密认证装置收到了 *.*.177.123 纵向加密认证装置的隧道协商报文，而本端隧道没有配置对端的隧道或者配置对端隧道地址错误，导致本端纵向加密认证装置发出“隧道没有配置”告警。

3. 防控措施

（1）检查隧道配置，确保装置配置了到对端的隧道。

（2）检查隧道配置，确保隧道下的本地地址以及远程地址配置正确。

任务七　正向隔离装置

》【任务描述】 本任务主要讲解正向隔离装置。通过要求说明及操作演示，了解正向隔离装置相关知识，掌握其配置方法。

》【知识要点】

正向安全隔离装置用于从生产控制大区到管理信息大区的非网络方式的单向数据传输，以实现两个安全区之间的安全数据交换，并且保证安全隔离装置内外两个处理系统不同时连通，其支持的主要功能如下：

（1）支持透明工作方式：虚拟主机 IP 地址、隐藏 MAC 地址。

（2）基于 MAC、IP、传输协议、传输端口以及通信方向的综合报文过滤与访问控制。

（3）防止穿透性 TCP 连接：禁止两个应用网关之间直接建立 TCP 连接，应将内外两个应用网关之间的 TCP 连接分解成内外两个应用网关分别到隔离装置内外网卡的 TCP 虚拟连接，隔离装置内外网卡在装置内部是非网络连接，且只允许数据单向传输。

（4）具有可定制的应用层解析功能，支持应用层特殊标记识别。

（5）安全、方便的维护管理方式：基于证书的管理人员认证，图形化的管理界面。

【技能要领】

横向单相安全隔离是电力监控系统安全防护体系中重要的一环，需要部署在生产控制大区与管理信息大区之间，隔离强度迎接近或达到物理隔离，典型部署位置如图 5-25 所示。本任务以正向安全隔离装置为例，在二层交换环境、三层路由交换环境中分别提供配置参考说明。

图 5-25 典型部署位置

一、二层交换模式

如图 5-26 所示，内网主机为客户端，IP 地址为 192.168.0.1，虚拟 IP 为 10.144.0.2，外网主机为服务端，IP 地址为 10.144.0.1，虚拟 IP 为 192.168.0.2，假设 Server 程序数据接收端口为 1111，隔离装置内外网卡都使用 eth1。

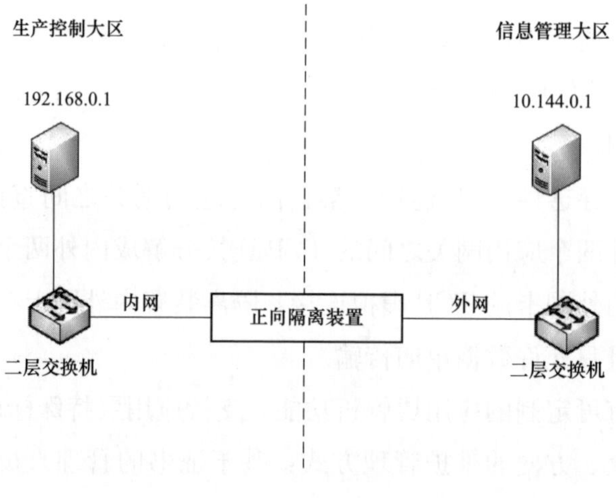

图 5-26 二层交换模式拓扑

配置规则参考图 5-27。

图 5-27　二层交换模式配置参考

二、三层交换模式

如图 5-28 所示，内网（EMS）101 号网段主机为客户端，IP 地址为 192.1.101.1；外网（DMIS）1 号网段主机为服务端，IP 地址为 172.17.1.104。假设 Server 程序数据接收端口为 1111，隔离装置内外网卡都使用 eth1。内网划分为 2 个网段（20 号网和 101 号网），外网也划分为 2 个网段（1 号网和 4 号网），三层交换机做了路由使得这两个网段可以互通。隔离装置的内网口与内网 20 号网段相连，连接端的 IP 地址为 192.1.20.254，隔离装置的外网口与外网 4 号网段相连，连接端的 IP 地址为 172.17.4.16。内网 101 号网段主机的虚拟 IP 设置为外网 4 号网段的 IP 地址 172.17.4.31，外网 1 号网段主机的虚拟 IP 设置为内网 20 号网段的 IP 地址 192.1.20.31。

配置规则参考图 5-29。

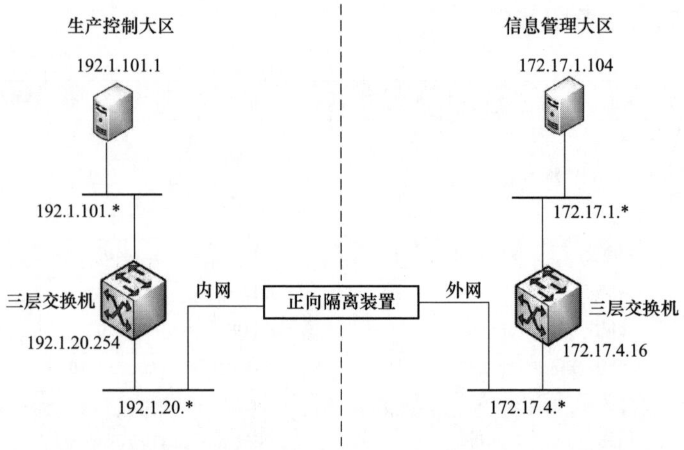

图 5-28 三层交换模式拓扑

图 5-29 三层交换模式配置参考

任务八 反向隔离装置

【任务描述】 本任务主要讲解反向隔离装置。通过要求说明及操作演示，了解反向隔离装置相关知识，掌握其配置方法。

【知识要点】

反向安全隔离装置用于从管理信息大区到生产控制大区的非网络方式的单向数据传输，是管理信息大区到生产控制大区的唯一数据传输途径。其支持的主要功能如下：

（1）具有应用网关功能，实现应用数据的接收与转发。

（2）具有应用数据内容有效性检查功能。

（3）具有基于数字证书的数据签名/解签名功能。

（4）实现两个安全区之间的安全数据传递。

（5）支持透明工作方式：虚拟主机 IP 地址、隐藏 MAC 地址。

（6）基于 MAC、IP、传输协议、传输端口以及通信方向的综合报文过滤与访问控制。

【技能要领】

横向单相安全隔离是电力监控系统安全防护体系中重要的一环，需要部署在生产控制大区与管理信息大区之间，隔离强度迎接近或达到物理隔离，典型部署位置如图 5-30 所示。本任务以反向安全隔离装置为例，在二层交换环境中提供配置参考说明。

图 5-30 典型部署位置

如图 5-31 所示，内网主机为服务端，IP 地址为 192.168.0.1，虚拟 IP 为 10.144.0.2；外网主机为客户端，IP 地址为 10.144.0.1，虚拟 IP 为 192.168.0.2，假设 Server 程序数据接收端口为 9898，隔离装置内外网卡都使用 eth1。在二层交换的环境下，通信规则的配置原则如下：外网虚拟 IP 地址须与内网 IP 地址为同一网段，内网虚拟 IP 地址须与外网 IP 地址为同一网段，且虚拟地址必须在真实网络环境中没有被其他的主机和业务系统占用。

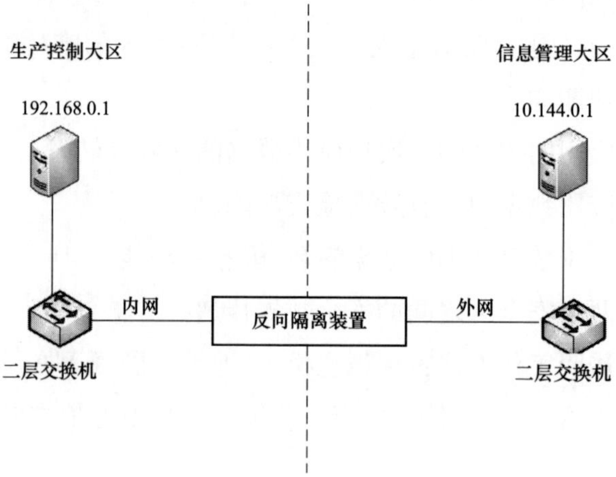

图 5-31　二层交换模式拓扑

配置规则参考图 5-32。

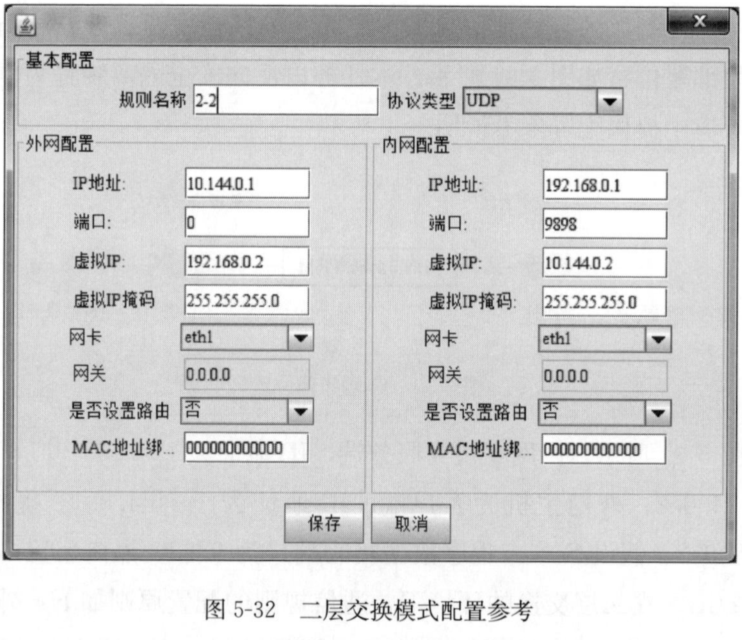

图 5-32　二层交换模式配置参考

【典型案例】

案例：横向隔离装置配置错误导致文件传输失败

1. 告警信息

配套使用隔离传输软件，文件传输失败。

2. 原因分析

将纯文本文件从管理信息大区发往生产控制大区，传输失败。经现场检查，生产控制大区为二层网络环境，网络设备配置无误，工作站能正确 ping 边界交换机；管理信息大区为三层网络环境，网络设备配置无误，工作站能正确 ping 边界交换机。检查传输软件任务设置无误，虚拟 IP 地址、端口、源文件路径、目标路径等正确。检查横向隔离装置配置，发现策略配置错误：外网配置中，MAC 地址填写为 7C-E9-D3-00-76-D9，为工作站 MAC。

3. 解决方案

正确配置外网配置中的“MAC 地址”一栏，填写网关 MAC，即“F0-DE-F1-C9-E0-7A”，装置重启后，重新启动传输任务，文件传输成功。

任务九　防 火 墙 配 置

【任务描述】 本任务主要讲解防火墙。通过要求说明及操作演示，了解防火墙相关知识，掌握其配置方法。

【知识要点】

防火墙作为保护装置，主要保护外部对内部网的访问控制，其主要任务是允许特别的链接通过，也可以阻止其他不允许的链接。防火墙的核心功能主要是访问控制，其中入侵检测、控管规则过滤、实时监控及电子邮件过滤等功能都是基于数据包过滤技术的。

【技能要领】

在实际工作中，不仅要关注防火墙产品技术，更重要的是要考虑如何根据安全要求在实际环境中部署和使用防火墙。不同的组合方式体现了系统不同的安全要求，也决定了系统将采取不同的安全策略和实施方法，正确选择防火墙的部署位置、正确设置防火墙策略决定着防火墙起到的防护效果。不正确的防火墙部署和安全规则设置都达不到应有的防护效果，造成安全配置漏洞。

在实际网络环境中两种部署防火墙的方法，一是将防火墙部署在内部网与外部网的接入处，防火墙串接在内部网与外部网之间的路由器上，对外部网进入内部网的数据包进行检查和过滤，抵御来自外部网的攻击；二是将防火墙部署在内部网络中重要信息系统服务器的前端，防火墙串接在内部网核心交换机与服务器交换机之间，对内部网用户访问服务器及其应用系统进行控制，防止内部网用户对服务器及其应用系统的非授权访问。

1. 生产控制大区防火墙部署

电力监控系统生产控制大区中防火墙的部署应在安全区Ⅰ（控制区）与安全区Ⅱ（非控制区）的横向网络边界上，起到逻辑隔离的作用，且在配备防火墙时应采用双机热备方式进行部署安装，如图 5-33 所示。

2. 管理信息大区防火墙部署

电力监控系统管理信息大区中在纵向边界和重要信息系统区都需要分别放置防火墙来进行边界防护，以此来保障各区域数据信息的安全性和可控性，如图 5-34 所示。

3. 部署策略

利用防火墙实现内部网安全域划分，通过设置安全规则实现不同安全域之间的访问控制。根据网络拓扑和安全策略，正确设置防火墙的安全规则，满足安全策略对外部和内部用户访问控制的要求。

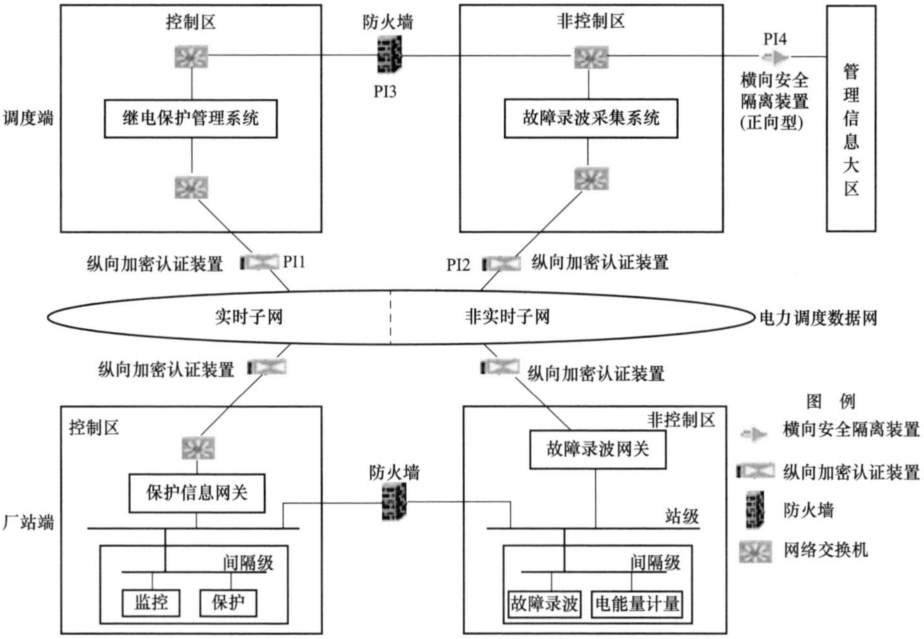

图 5-33　控制区和非控制区部署示意

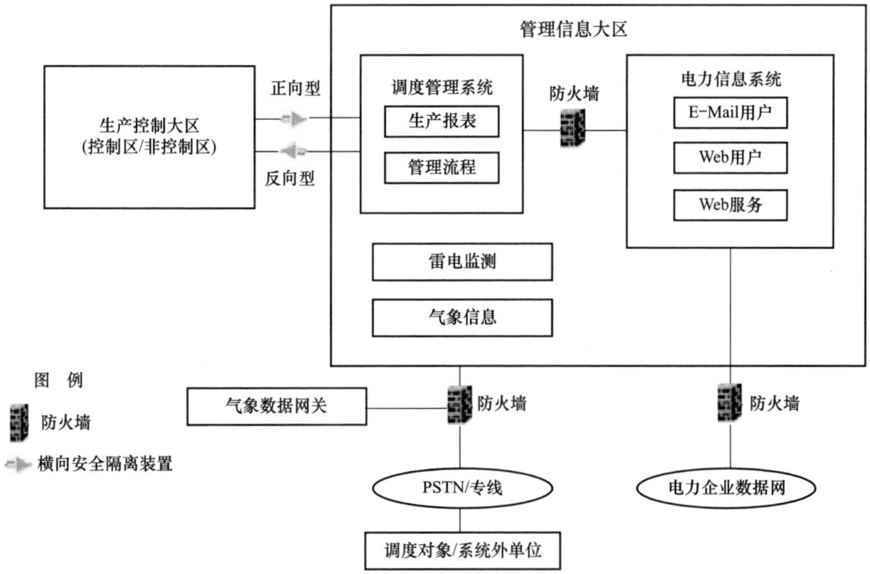

图 5-34　管理信息大区部署示意

（1）正向策略。正向策略根据字面意思可以理解为，允许该允许的端口或协议，然后拒绝掉所有。

（2）反向策略。反向策略根据字面意思可以理解为，拒绝掉该拒绝的端口或协议，允许所有。

（3）单方向全通策略。这种配置跟前面两种极为不同，前两种属于正常思维策略，考虑好进和出及应用的地方，按照需求进行配置即可，但是此种策略的配置能够比前两种节省很多配置条目。基本分为两步：

1）第一步：允许进或者出方向的所有端口。这里要注意："或者"即只能独一而存在，如果只允许进方向，那就不要配置允许出的方面，如果把进和出都全部允许，那就是全通策略，防火墙就成为了交换机。

2）第二步：在另一个方向进行严格控制，可进行正向或反向策略配置。通过这种配置方法，可以造成数据包去的时候是允许所有，看起来像是全通，但是当请求进行完相应回包的时候，在防火墙回方向上生效了严格策略，数据包无法回复，达到安全的目的。

【典型案例】

案例：防火墙配置问题导致网络安全监测装置无法接收交换机日志

1. 案例描述

某110kV变电站网络安全监测装置告警，告警内容为站控层交换机设备离线。

2. 原因分析

站内防火墙设备厂商为迪普，由装置配置策略保证业务畅通性。交换机与网络安全监测装置进行日志交换是网络安全监测装置上交换机资产在线的必要条件。经现场检查，交换机上配置正确：SNMP采用V3版本，视图名、组名、用户名设置正确，SNMP TRAP主机地址设置正确；网络安全监测装置资产设置正确。随后查询防火墙，发现配置错误：策略配置中，"SNMP放行"策略误选择为TCP协议，正确应为 UDP 协议。

3. 防控措施

更改策略配置，并重启防火墙设备后，网络安全监测装置显示防火墙在线。

任务十　主机用户密码策略

【任务描述】 本任务主要讲解主机用户管理。通过要求说明及操作演示，了解主机用户认证管理相关知识，掌握其配置方法。

【知识要点】

应用系统的口令设置应遵循下列原则：

(1) 用缺省设置的密码；

(2) 口令至少有 8 个字符长度，且字符不能重复或循环；

(3) 口令至少包含两个字母字符和一个非字母字符；

(4) 口令不能包含全部或部分用户账户，不能是用户姓名、生日、反向拼写的登录名、电话号码以及其他容易猜测的字符组合；

(5) 口令必须定期更改，间隔时间不能超过三个月。

【技能要领】

(1) 口令长度不小于 8 位；口令应由字母、数字和特殊字符组成，且口令不得与账户名相同。

修改/etc/pam.d/passwd 文件内容为：

password required /lib64/security/pam_cracklib.so retry=3 minlen=8 difok=1 lcredit=-1 ucredit=-1 dcredit=-1 ocredit=-1 reject_username

(2) 连续登录失败 5 次后，账户锁定 10min。

在/etc/pam.d/kde、/etc/pam.d/login 和/etc/pam.d/sshd 文件中各增加一行：

auth required /lib64/security/pam_tally.so per_user unlock_time=600 onerr=succeed audit deny=5

(3) 口令 90 天定期更换，且口令过期前 10 天，提示修改（适用于人机工作站和自动化运维工作站）。

1) 编辑/etc/login.defs，做如下修改则新建用户口令 90 天定期更换：

PASS_MAX_DAYS 90

PASS_MIN_DAYS 1

PASS_WARN_AGE 10

2) 对已存在的账户，设定账户口令有效期。对于在改动/etc/login.defs 文件设置之前就已经存在的账户，/etc/login.defs 文件的修改对它无影响。首先查看账户口令过期时间：chage-l 用户名（注意：参数是小写字母 l，不是数字 1）。

如需修改，则用如下命令修改：chage-M 90 用户名。

任务十一 主机安全审计

【任务描述】 本任务主要讲解主机安全审计。通过要求说明及操作演示，了解主机安全审计相关知识，掌握其配置方法。

【知识要点】

业务系统能够对所有的业务操作进行审计，审计记录内容满足安全审计的要求，至少应包括如下内容：

(1) 用户 ID；

(2) 用户登录与注销的日期和时间；

(3) 用户终端标识或 IP 地址；

(4) 数据与其他资源的成功访问和拒绝访问记录；

(5) 业务系统具备审计记录查阅的能力，或者审计记录可用通用编辑工具进行查看。

【技能要领】

配置系统日志策略配置文件，使系统对鉴权事件、登录事件、用户行为事件、物理接口和网络接口接入事件、系统软硬件故障等进行审计。

（1）系统默认配置的审计规则，覆盖上述审计要求，不需额外配置，系统默认开机自启动审计功能。手动开启审计功能的方法如下：

＃/etc/init. d/auditd start

如需检查审计功能是否开启，可以执行：

ps-ef | grep auditd

如果执行结果看到/sbin/auditd，就说明审计功能已开启。

（2）对审计产生的日志数据分配合理的存储空间和存储时间。

修改配置文件/etc/audit/auditd. conf：

max _ log _ file＝300

max _ log _ file _ action＝ROTATE

space _ left＝75

space _ left _ action＝SYSLOG

以上配置均为默认配置，表示最大日志文件容量 300MB，超过大小则进行 ROTATE 日志轮转，并且磁盘空间剩余 75MB 时，执行 SYSLOG 动作，发送警告到系统日志。日志存储的文件最大数量由配置参数 num _ logs 决定，表示日志轮转时可以保存的日志文件最大数目。参数越大则旧日志保存的文件个数越多，一般默认设置值已符合要求。

任务十二　主机安全接口管理

【任务描述】 本任务主要讲解主机安全接口管理。通过要求说明及操作演示，了解主机安全接口管理相关知识，掌握其配置方法。

【知识要点】

主机接口是指处理器作为从设备被其他作为主设备的处理器访问的接口。通过主机接口处理器能够方便地接收主控设备下传的控制信息和上传处理结果，因此一般通过主机接口可以访问处理器的内部数据。出于安全考虑，应对通过主机接口访问内部数据作出限制。

【技能要领】

一、外设接口管理

应集中管理终端的各种外设接口，只有特定接口可以接入USBKEY设备，其他设备接入一律禁用并产生告警。禁用USB存储驱动，保留其他USB设备驱动：

rm-f/lib/module/′uname-r′/kernel/driver/usb/storage/usb-storage. ko

二、远程登录管理

人员远程登录应使用SSH协议，禁止使用其他远程登录协议，同时应开启SSH协议的相关安全验证机制。

(1) 人员远程登录应使用SSH协议，禁止使用其他远程登录协议：

sudo vim/etc/inetd. conf

关闭telnet服务后，主机应设置远程登录访问控制列表，限制能够登录本机的IP地址。

1) 创建hosts. allow访问控制白名单：

vi/etc/hosts. allow

sshd：172. 17. 0. 0/16

2) 创建hosts. deny访问控制黑名单：

vi/etc/hosts. deny

ALL：ALL：deny

（2）主机间登录禁止使用公钥验证，应使用密码验证模式。

1）以 root 身份登录系统，或者以非 root 用户登录后 su 切换到 root 用户，再打开文件/etc/ssh/sshd _ config，找到如下内容：

RSAAuthentication yes

PubkeyAuthentication yes

改为

RSAAuthentication no

PubkeyAuthentication no

2）保存并关闭文件，重启 SSH 服务：

service ssh restart

任务十三　厂站网络安全监测装置安装

【任务描述】 本任务主要讲解厂站网络安全监测装置。通过要求说明及操作演示，了解网络安全监测装置相关知识，掌握其安装与配置方法。

【知识要点】

生产控制大区按相关政策要求，应当逐步推广内网安全监视功能。

新一代内网安全监管平台对安全 I/II 区中的主机设备（服务器、工作站）、网络设备（内网交换机）、数据库、安全设备（纵向设备、隔离设备、防火墙设备、入侵检测系统、防病毒系统）的运行信息和告警信息实现集中采集，实时监测电力监控系统的计算机、网络及安全设备运行状态，及时发现非法外联、外部入侵等安全事件并告警。

【技能要领】

一、数据采集

采集内容覆盖变电站站控层及发电厂涉网生产控制大区及生产非控制

大区所有主机、网络、安全防护设备的重要运行信息及安全告警信息。采集频度支持事件触发及周期采集两种。

主机设备采集，由站控层系统主动收集采集信息，通过 TCP/IP 协议发送至安全监测装置，安全监测装置作为服务端、开启 8800 端口监听主机设备的连接请求。若站控层存在 A、B 双网，安全监测装置同时接入 A、B 双网交换机。采集数据由主机设备发出，若出现网络故障，则切换至另一网络发送采集信息。若安全监测装置未能在规定时间内（时间策略可配置）接收到主机设备发送的信息，安全监测装置上报主机离线告警。

网络设备采集，包括以下两种采集方式：

（1）支持以 SNMP V3、V2 TRAP 方式主动发送采集信息，原则上优先使用 SNMP V3 Trap 协议；

（2）支持以 SNMP V3、V2 协议主动轮询采集信息，原则上优先使用 SNMP V3 协议。

二、安全分析与告警

安全监测装置采集及分析得到的告警，以基于 DL/T634.5.104 规约上传至主站内网安全监管平台。按照级别来分，安全告警分为紧急告警、重要告警和普通告警。

（1）紧急告警。指对电力监控系统安全具有重大影响的安全事件告警，应立即处理。

（2）重要告警。指对电力监控系统安全具有较大影响的安全事件告警，需要在 24h 内进行处理。

（3）普通告警。指对电力监控系统安全具有一定影响的安全事件告警，应安排处理。

三、本地安全管理

包括资产管理、安全运行状态展示、告警管理、装置运行状态监测、告警生成策略管理、拓扑管理、告警上传、时钟同步。

【典型案例】

一、内网安全监测装置接入调试产生告警

1. 案例描述

2018 年 3 月 22 日，某 110kV 变电站地调接入网非实时纵向加密装置发出告警：*.*．3.9 访问 *.*．1.6 的 TCP8800、8801 端口不符合安全策略被拦截。

2. 原因分析

通过源地址、目的地址基本确认是现场安全监测装置访问主站内网监管平台造成告警，该 110kV 变电站是第一个厂站内网安全监测装置接入试点站。TCP8800、8801 端口为安全监测装置主机采集和服务代理所使用的端口，经确认安全监测装置和主站业务通信必须开放两条安防策略，一条是主站侧随机端口，厂站侧开放 TCP8800 和 8801 端口，实现主站和厂站的双向通信。装置试点接入时，装置厂家技术人员不清楚该情况，导致现场加密只配置了单条业务策略，正常业务访问被拦截。

3. 防控措施

变电站侧纵向加密装置增加业务策略，告警消失，厂站安全监测装置上送报文正常。

二、网络安全监测装置接入调试引起告警

1. 案例描述

2018 年 5 月 23 日，某地调内网见识平台发生两条告警："*.*．1.23 访问 *.*．90.20 不符合安全策略被拦截"，源端口为 1089，目的端口为 8801；"*.* 90.20 访问 *.*．1.23 不符合安全策略被拦截"，源端口为 2038，目的端口为 8800。拦截设备为变电站纵向加密认证装置。

2. 原因分析

.．1.23 为新内网监视平台 II 区网关机，*.* 90.20 为变电站网络安

全监测装置，检查主站加密装置策略，已配置一条策略，策略的源地址为 *.* .1.23，目的地址为 *.* 90.20，源端口为 1025-65535，目的端口为 8800-8800。变电站的加密装置配置的策略为，源地址 *.* .1.23，目的地址 *.* 90.20，源端口 8800-8800，目的端口为 1025-65535。该策略由网络安全装置调试人员申请开通，功能为网络安全装置向监视平台上送事件。后查询电力监控系统网络安全监测装置技术规范后发现，网络安全监测装置上送事件至平台时，平台网关机使用 8800 端口，平台远程调阅厂站网安装置时厂站网安装置使用 8801 端口，为策略配置问题引起告警。

3. 防控措施

在主站侧加密装置配置两条策略，一条源地址 *.* .1.23，目的地址 *.* 90.20，源端口 8800-8800，目的端口 1025-655535，另一条源地址 *.* .1.23，目的地址 *.* 90.20，源端口 1025-65535，目的端口 8801-8801。

在厂站侧加密装置配置两条策略，一条源地址 *.* 90.20，目的地址 *.* .1.23，源端口 1025-65535，目的端口 8800-8800，另一条源地址 *.* 90.20，目的地址 *.* .1.23，源端口 8801-8801，目的端口 1025-65535，策略配置修改后，告警消除。